SCIENCE ENFANTINE

LA NATURE

ET

SES TROIS RÈGNES

CAUSERIES ET CONTES D'UN BON PAPA

SUR L'HISTOIRE NATURELLE
ET SUR LES OBJETS LES PLUS USUELS

PAR

X. B. SAINTINE

—◦◦◦—

PARIS

LIBRAIRIE HACHETTE ET Cⁱᵉ

79, BOULEVARD SAINT-GERMAIN, 79

LA NATURE

ET

SES TROIS RÈGNES

PARIS. — IMPRIMERIE ÉMILE MARTINET, RUE MIGNON, 2

LA MÈRE GIGOGNE

LA NATURE

ET

SES TROIS RÈGNES

CAUSERIES ET CONTES D'UN BON PAPA

SUR L'HISTOIRE NATURELLE

ET SUR LES OBJETS LES PLUS USUELS

PAR

X. B. SAINTINE

CINQUIÈME ÉDITION

DE

LA MÈRE GIGOGNE ET SES TROIS FILLES

PARIS

LIBRAIRIE HACHETTE & Cie

79, BOULEVARD SAINT-GERMAIN, 79

1879

A MADAME HENRI BOUILHET, MA FILLE

CHÈRE LOUISE,

Tu le sais, ce petit ouvrage, plus sérieux qu'il n'en a l'air d'après son titre, je l'avais commencé pour toi; c'est pour tes enfants que je viens de l'achever.

Puissent-ils y puiser, en s'amusant, ces notions utiles, indispensables, qui, selon moi (et je crois la raison et la logique de mon côté), devraient former la base première de l'éducation de la jeunesse !

La dette que le père avait contractée envers sa fille bien-aimée, c'est le bon papa qui l'acquitte aujourd'hui; mais ce livre, qui t'était destiné, ma Louise, ne t'en appartient pas moins, et c'est à toi que je le dédie.

X. B. SAINTINE.

PREMIÈRE PARTIE

PREMIÈRE PARTIE

CHAPITRE I

QUATRE ÉCHEVEAUX DE FIL. — La Devinette. — Un morceau de sucre. — Le mouton de Fernand. — Ce qui se passe dans le pupitre de Maurice. — Pourquoi les écoliers ont-ils les doigts tachés d'encre ? — Le ruban de Zéphirine. — Une volée de perdreaux.

I

Vers le milieu de novembre, à peine de retour de la campagne, les pieds sur mes chenets, je lisais attentivement mon journal. Il y était question de l'éducation des enfants, à qui on enseigne tant de choses inutiles, oubliant volontiers de leur apprendre la valeur, l'origine des objets qui les entourent, qu'ils ont le plus souvent sous les yeux et sous la main, et qu'il leur est tout aussi important de connaître que... *la Barbe bleue*, par exemple.

Les contes, les fables, il est vrai, s'adressent à leur imagination, procèdent par des faits souvent merveilleux, tandis que des explications, des descriptions, toujours froides, sans un petit bout de féerie... Mais le merveilleux n'est pas seulement dans les fables et dans les contes, il est dans tout ce qui étonne notre esprit ; et l'enfance peut s'étonner facilement, même devant la vérité présentée sous certaine forme...

II

J'en étais là de ma lecture et de mes réflexions, lorsque ma petite-fille, Hélène, entra vivement chez moi, et se jetant

Bébé Hélène.

dans mes jambes avec une ardeur telle que le journal m'échappa des mains :

« Bon papa chéri, me dit-elle, nous jouons à la *Devinette*, ma sœur Lili, Maurice, Fernand et moi ; ils prétendent que je ne sais pas jouer ; moi, je prétends que si ; viens me donner raison, viens tout de suite ; je le veux ! »

Dans le langage ordinaire des enfants, où le mot propre fait souvent défaut, *je le veux* signifie presque toujours : je le voudrais, je le désire, je t'en prie. C'est un souhait, non un ordre.

Cependant, pour redresser les mauvaises habitudes grammaticales de mademoiselle Hélène, je lui déclarai qu'elle devait me parler plus convenablement si elle voulait de moi une réponse favorable. D'ailleurs, j'étais occupé, je lisais mon journal, je ne pouvais me déranger en ce moment.

Hélène se pencha à mon oreille, puis j'entendis ses deux petites lèvres y murmurer entre deux baisers :

« Viens, tu le veux ! »

Je la suivis.

Hélène entra vivement chez moi, et se jeta dans mes jambes avec une ardeur telle
que le journal m'échappa des mains. (Page 4.)

[II]

La Devinette est un jeu très-intéressant, où l'esprit s'exerce sans grands efforts, et dont on pourrait tirer un excellent parti pour l'instruction des enfants, comme de bien d'autres jeux.

Voici en quoi il consiste :

Le devineur, étant désigné, se retire. Lui absent, on convient d'un mot, d'un objet quelconque, animé ou inanimé. Parmi les adolescents, dont les études sont déjà quelque peu avancées, on peut prendre pour sujet un personnage historique ; alors le devineur arrive à cette question : « Est-ce un homme ? Est-ce une femme ? » De là, il interroge sur le pays, sur l'époque où a vécu ledit personnage, sur son genre d'illustration. — Était-ce un roi, un savant, un grand général ou un grand coquin ? — Est-ce Charlemagne ou Cartouche ? A chacune de ses demandes, invariablement, et sous peine de donner un gage, on ne doit répondre que par un *oui* ou par un *non*. C'est à l'aide de ces deux seuls échelons qu'il faut arriver au but, c'est-à-dire à la désignation de l'individu qui a fourni le sujet de la Devinette.

Pour les enfants, la Devinette se simplifie. On n'y doit mettre en avant que certains objets dont ils ont l'usage et la connaissance. Ces conditions se trouvaient remplies dans le sujet proposé, qui était *un morceau de sucre*.

L'expérience du jeu les avait amenés à poser tout d'abord ces trois questions : « Est-ce une pierre ? — Est-ce une plante ? — Est-ce une bête ? »

Quand Fernand, mon petit-neveu, chargé du rôle de devineur, dit à bébé Hélène :

« Est-ce une pierre ? »

— Oui ! avait-elle répondu sans hésitation aucune.

Mon neveu Maurice, grand garçon de quatorze à quinze ans, momentanément dispensé du collége pour cause de *croissance*, s'était moqué d'elle ; Émilie, sœur aînée d'Hélène, n'avait pas manqué de se faire l'écho de Maurice, sans trop savoir pourquoi peut-être, et c'est alors que la chère enfant, tout émue de l'affront, était venue me prendre pour juge dans le différend.

« Oser soutenir qu'un morceau de sucre n'est pas une pierre, quand c'est blanc, quand c'est dur, quand ça se casse à coups de marteau » ! s'écriait-elle.

IV

Une fois au courant de l'affaire :

« Mes bons amis, leur dis-je, votre triple question, est-ce une pierre ? est-ce une plante ? est-ce une bête ? est très-bien posée, je le reconnais ; elle présente dans un ordre régulier les trois règnes de la nature ; et, en effet, pour jouer à la Devinette, comme pour se rendre compte du premier objet venu, d'un morceau de pain ou d'un morceau de sucre, d'un meuble ou d'un ruban, même d'une aiguillée de fil, ou d'une aiguillée de laine, il est indispensable d'avoir quelques notions d'histoire naturelle.

— Ah ! bon papa chéri, tu veux rire ! dit Hélène ; je ne sais pas l'histoire naturelle, moi, mais je sais ce que c'est qu'une aiguillée de fil, puisque maman m'apprend à coudre !

— Eh bien, voyons, mon enfant : Qui produit le fil ? Est-ce une pierre, une plante ou une bête ?

— Ce doit être une plante, me répondit Hélène en regardant son cousin Maurice, comme dans la crainte d'une nouvelle moquerie.

— Très-bien répondu! C'est une plante.

— J'allais le dire! s'écria Fernand; le fil se fait avec de la filasse; voilà ce que mes cousines ne peuvent pas savoir,

Chanvre.

parce qu'elles n'ont jamais été dans les pays où les bonnes femmes filent leur quenouille sur le pas de leur porte, en poussant du pied leur rouet, qui fait brrou! brrou! brrou!

— Très-bien aussi, Fernand! Ce que c'est que d'avoir

voyagé ! d'avoir été vers le Nord, jusqu'à Senlis ! vers le Midi, jusqu'à Brunoy ! Oui, le fil se fait avec de la filasse, et la filasse n'est autre qu'un composé des fibres d'une certaine plante dont Fernand va nous dire le nom. »

Rameau, fleur et fruit de chanvre

Fernand se posa un doigt sur le front, sembla réfléchir quelque temps; mais ses réflexions se prolongeant outre mesure :

« C'est le *chanvre*, dit Maurice.

— J'allais le dire ! » riposta Fernand en détachant son doigt de son front et en le redressant d'un air de triomphateur.

V

« Mais n'existe-t-il pas d'autres fils que ceux fournis par
le chanvre? demandai-je; sans aller les chercher bien loin,
j'aperçois là, sur la table à ouvrage d'Émilie, quatre écheveaux de fils différents.

—D'abord du fil de coton, dit Émilie. Provient-il aussi
d'une plante?

—Mais non, petite Lili, interrompit Fernand; le coton,
c'est ce qui recouvre la peau des moutons. Vois mon gros
mouton à roulettes, il a du coton sur le dos.

— Ton mouton à roulettes, c'est possible, lui répliqua le
savant Maurice, qui, à son collège, avait obtenu un septième
accessit en histoire naturelle; mais les autres, les vrais
moutons, ceux qui nous fournissent des gigots et des côtelettes...

— Un instant, Maurice! m'écriai-je; n'allons pas trop vite,
n'embrouillons pas nos écheveaux; laisse-moi répondre à
la question de ta cousine. — Oui, ma bonne Lili, en effet,
le coton lui-même est une plante, plante bien utile aussi,
mais qui ne pousse que dans les pays éloignés, en Amérique,
dans les Indes; c'est pourquoi Fernand a pu s'y tromper,
n'ayant guère dépassé dans ses voyages les frontières de la
banlieue.

La plante qui donne le coton, le *cotonnier,* a les apparences d'un arbuste. Cette fois, cependant, mes amis, ce
n'est pas sa tige qui nous fournit la filasse, comme dans le
chanvre : c'est sa fleur, ou plutôt son fruit. Parvenu à maturité, ce fruit s'ouvre et laisse échapper les graines tout
enveloppées d'une touffe de duvet blanc. Ce duvet est le
coton. Une certaine espèce le produit jaunâtre, et c'est avec

celle-là qu'on fabrique l'étoffe connue sous le nom de *nankin*.

— Ah ! bon papa, c'est très-curieux ! Quoi ! le nankin se

Cotonnier.

fait avec du coton jaune ! dit Emilie. Mais la laine, est-ce encore une plante ?

— Non pas, ma mignonne ; la laine, quoi qu'en ait pu dire Fernand, nous la devons aux moutons, aux moutons sans roulettes. C'est avec leur toison qu'on obtient le fil de laine qui te sert à faire de la tapisserie ; mieux encore, on en fabrique des tissus, des draps de laine, des habits, des pale-tots pour les hommes ; des écharpes, des robes de mérinos pour ta sœur et pour toi, et même pour vos filles, Bijoute et Zéphirine.

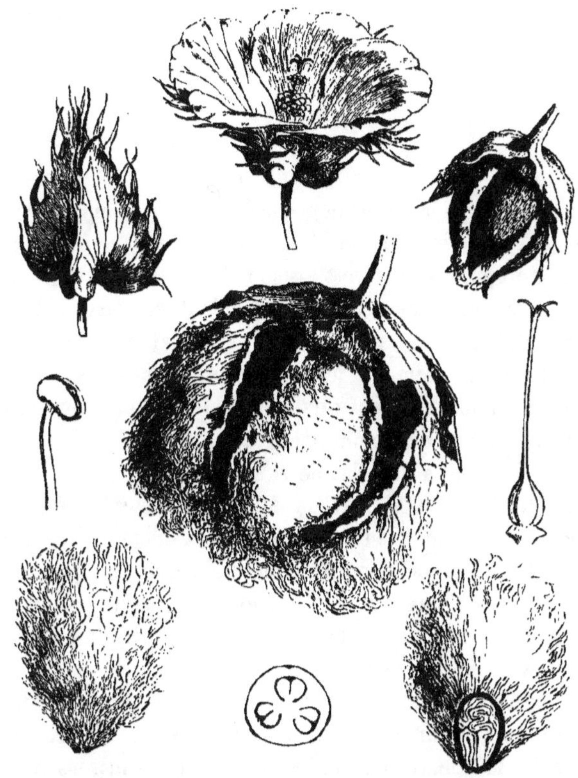

Fleur, fruit, graines et détails de la fleur du cotonnier.

— Zéphirine ne porte que des robes de soie ! me répondit Emilie, s'empressant de faire ressortir la distinction de toilette de sa poupée favorite. — Mais, bon papa, la soie, ça vient-il d'une plante ou d'un mouton ?

— Ni de l'un ni de l'autre, mon enfant, la soie est le produit d'un insecte, d'un ver.

—Est-ce possible?... quelle horreur! Ah! si Zéphirine le savait!

VI

Tout le monde le sait, petite cousine, dit Maurice. Les petites filles n'observent donc rien! reprit-il d'un air passablement dédaigneux: moi, à la pension, en ai-je assez élevé dans mon pupitre, des vers à soie! c'est très-curieux, quand on s'y entend; puis, ça occupe pendant les classes. Mais ils demandent bien des soins; ils ont leurs maladies, la jaunisse surtout. Heureusement, je savais le moyen de les en guérir, rien qu'en les touchant du bout de mon doigt, que j'avais d'abord trempé dans mon encrier. »

Émilie partit d'un éclat de rire:

« Ah! le joli médecin! un médecin de bêtes!... monsieur guérit de la jaunisse!... Savez-vous, les écoliers... on voit le bout de leur doigt noirci d'encre; pauvres garçons! c'est qu'ils ont toujours la plume à la main. Eh bien, pas du tout, c'est qu'ils passent l'heure de la classe à soigner ces affreux petits vers en question!

— Chère enfant, lui dis-je, ce sont cependant ces affreux petits vers en question qui nous fournissent la soie, les fils de soie, la bourre de soie, les taffetas, les satins, les velours, et jusqu'à ce charmant ruban rose que ta Zéphirine porte à sa ceinture.

— C'est humiliant! » murmura Émilie, redevenue sérieuse; et, dénouant vivement le ruban de Zéphirine, elle le jeta loin d'elle.

— « Vous le voyez, mes enfants, repris-je, tout en causant, nous avons passé en revue les quatre écheveaux de fil, les quatre éléments précieux, chanvre, coton, laine et soie, qui

presque à eux seuls suffisent à nous vêtir des pieds à la tête,
vous et moi, et jusqu'à mesdemoiselles vos poupées ! »

VII

Depuis longtemps déjà, Hélène ne prenait plus part à la
conversation. Accroupie devant une commode, dont le tiroir
du bas lui était particulièrement consacré, elle y remuait
des chiffons de toutes sortes, et je la croyais absorbée par
cette grave occupation, quand je l'aperçus debout devant
moi :

« Bon papa chéri, me dit-elle, tu n'avais pas besoin de
nous en dire si long, je t'assure ; ce que je vois à tout ça,
c'est que, à la Devinette, quand on parle de fil ou de coton,
c'est dans les plantes, au lieu que la laine et la soie, c'est dans
les bêtes : mais le sucre ?... c'est dans les pierres, n'est-ce
pas ?

— Non, et ta sœur et ton cousin ont eu raison contre toi.
Tu vois, mon enfant, que la Devinette exige, de la part de
ceux qui veulent s'y distinguer, des connaissances en histoire
naturelle.

— Non ! non ! non ! pas de ça, riposta la chère petite ; ma
sœur apprend le dessin, la géographie, le piano et la bro-
derie ; Fernand et moi, nous apprenons à écrire, à réciter
des fables, et notre histoire sainte, et à sauter à la corde ; lui,
Maurice, un tas de choses en latin. Ton histoire naturelle,
ça nous ferait une leçon de plus ; nous en avons déjà bien
assez !... Au lieu de ça, bon papa chéri, dis-nous des contes ;
tu sais... Il était une fois ! c'est ça qui est joli !...

— Chers enfants, j'aime à croire que l'histoire naturelle,
telle que je la conçois, vous intéressera autant que des contes
en l'air. Essayons-en. Voilà l'hiver qui arrive ; il faut rester

à la maison ; eh bien, sans courir les champs, nous ferons de la botanique avec la première chose venue, avec le mouron de vos serins ; pour les animaux, votre ménagerie en bois, vos joujoux, et ceux de Fernand, y suffiront ; ce sera de la science pour rire ; je n'en saurais faire d'autre ! je tâcherai d'être clair pour tous, et vos poupées elles-mêmes, si elles y mettent de la bonne volonté, pourront profiter de mes leçons.

— Ah ! la bonne idée ! la bonne idée ! s'écria Fernand ; *l'oncle* va faire la classe pour les poupées !

— Je ne demande pas mieux, mes bons amis.

— Bravo, *l'oncle !* — bravo, *n'oncle !* bravo, bon papa chéri ! »

VIII

Et voilà mes jeunes fous qui courent de droite et de gauche, pour rassembler toutes les poupées de la maison ; ils les rangent en demi-cercle sur des siéges ; ils me préparent un grand fauteuil ; je m'y assieds, riant en moi-même, car je pensais les avoir amenés à ce que je voulais ; nécessairement, petits-cousins et petites-cousines devaient profiter de la leçon que j'allais être censé n'adresser qu'aux poupées.

Mais à peine suis-je installé dans ma chaire de professeur, que mes quatre espiègles, s'échappant comme une volée de perdreaux, me laissent seul, la bouche béante, devant mon petit auditoire de carton.

CHAPITRE II

I

Il en faut convenir, je devais, dans mon grand fauteuil, avoir l'air d'un bon papa bien étonné. Après tout, je ne me sentais pas humilié.

Les poupées aujourd'hui jouent un rôle très-important dans les familles. Élevées au rang de personnages, elles ont des chambres meublées, des lits avec rideaux, un service de table, une garde-robe complète, des robes du matin, des robes de soirées, et des chapeaux selon la saison ; elles ont leurs fournisseurs, leurs gantiers, leurs couturières. Je connais un cordonnier qui ne travaille que pour poupées ; j'ai vu des porte-monnaie de poupées, de l'argent de poupées... Pourquoi n'auraient-elles pas le moyen de se payer un maître d'école ?

Maître d'école de poupées !... c'est cependant là le rôle que je jouais en ce moment !...

Mes élèves, que je connaissais déjà de longue date, étaient au nombre de dix, dont neuf poupées et un militaire. Trois, les nommées Bijoute, Artémise et une certaine petite princesse indienne, du nom de Zelmaïde, appartenaient à Hélène.

Zelmaïde présentait cette particularité : autrefois, quand j'avais eu l'honneur de l'offrir à sa maîtresse actuelle, elle avait sur la tête une couronne de petites plumes rouges et bleues, avec un cercle de perles ; aujourd'hui, elle porte un bonnet à la cauchoise, ce qui lui ôte un peu de son air oriental.

Outre Zéphirine, sa favorite, poupée de haute taille et de belles manières, Émilie comptait parmi mes élèves Cocotte, Frivolette, Calembredaine et Pistache. Ces deux dernières semblaient, il est vrai, être au service des trois autres ; Émilie possédait en plus *la Vergnate*, dont le costume était sévèrement calqué sur celui des paysannes du Puy-de-Dôme. Quoique *la Vergnate*, ou, pour mieux dire, *l'Auvergnate*, fût une simple villageoise, sa maîtresse la traitait avec beaucoup d'égards, sans doute à cause de sa probité.

Quant à mon dixième et dernier élève, zouave de son état, en pantalon large et bouffant, la toque rouge sur le coin de l'oreille, le front ras, les moustaches noires et hérissées, il disait *papa* quand on lui serrait le ventre, et répondait au nom de François.

Ce militaire était au service de Fernand.

Tel était l'aspect de ma classe. Mon neveu Maurice, bien entendu, se respectait trop pour y avoir un représentant.

II

Cependant je ne me sentais guère le courage d'entamer ma leçon. Qui en aurait profité ?

Ma volée de perdreaux s'était réfugiée dans la cour, alors éclairée par un de ces pâles soleils qui n'annoncent pas un temps de longue durée, et, à travers la vitre, je les voyais courir, gambader, sauter à la corde.

Tout à coup le ciel devint sombre, quelques flocons de neige commencèrent à tomber ; une fenêtre s'ouvrit ; une douce voix se fit entendre, la voix de ma fille :

« Rentrez, mes enfants, rentrez vite ! »

Et mes quatre déserteurs remplirent bientôt de leurs cris, de leurs rires, le vestibule de la maison, puis l'escalier ; puis ces mêmes cris, ces mêmes rires, après s'être répétés durant quelques minutes de chambre en chambre, se rapprochèrent et retentirent enfin dans la pièce voisine de celle où je me tenais avec mes élèves, les poupées.

M'adressant aussitôt à mesdemoiselles Bijoute, Zéphirine, Zelmaïde, Calembredaine, comme si je continuais ma leçon :

« Puisque vous approuvez ma manière d'enseigner, chères élèves, nous allons commencer par l'histoire de la grande Magicienne..... »

Et, d'une voix plus forte, je repris :

« Il était une fois..... »

A ce mot, tout bruit cessa dans la chambre voisine. A coup sûr, on m'écoutait. Je poursuivis :

« Il était une fois une grande magicienne nommée Gigogne..... retenez bien ce nom, mesdemoiselles, et vous aussi, monsieur le zouave ; vous en avez déjà entendu parler sans doute, mais combien vous êtes loin de connaître cette reine des Fées, la compagne, l'épouse du puissant enchanteur Parafaragaramus !... Retenez de même ce nom..... si vous le pouvez !... »

Et, dans la chambre voisine, j'entendis chuchoter : « Para....gara....raga....rafa.... » puis une petite tête blonde parut, souriante, à l'entrée de la porte.

C'était bébé Hélène, qui, glissant silencieusement le long du mur, alla s'asseoir sur le tapis, devant son tiroir aux chiffons.

Un instant après, ce fut au tour de Fernand de se montrer. Je feignis de ne pas m'être aperçu de leur présence. De l'autre pièce, Émilie m'apostropha alors :

« Bon papa, est-ce que ta leçon n'est pas encore finie ? J'ai besoin de Zéphirine et de la Vergnate ?

— Silence ! n'interrompez pas ! » lui criai-je.

Et l'apercevant déjà sur le seuil de la porte :

« Au surplus, tu peux entrer ; si tu veux que tes filles profitent de mon enseignement, il leur faut des répétitrices. Ce rôle conviendra à merveille à ta sœur Hélène et à toi.

— Oui, bon papa, je veux bien, répondit Émilie.

— Je veux bien aussi, » répéta Hélène.

Fernand alla relever son zouave, qui, tombé sur le flanc droit, se tenait dans une posture inconvenante, et tous trois prirent place auprès de moi.

« Quant à Maurice, dis-je, s'il était là.....

— N'oncle !... Plaît-il ? dit Maurice en apparaissant brusquement, comme un diable qui sort d'une boîte à surprise.

— Mon garçon, vu ton âge et les preuves que tu nous as données ce matin de ton savoir, je te réserve une place d'honneur : tu seras le professeur en second, mon suppléant.

— Moi ?... c'est drôle tout de même ; n'importe !... volontiers, *n'oncle*.

III

Ici, je crois devoir placer un mot d'explication. *N'oncle*, pour *mon oncle*, était une de ces abréviations habituelles aux enfants, et Maurice avait conservé celle-là ; de même mon gentil Fernand, dont j'étais le *grand-oncle*, m'appelait *t'oncle*.

Puis une petite tête blonde parut, souriante, à l'entrée de la porte. (Page 19.)

C'est aussi par une raison à peu près semblable qu'Hélène, la plus jeune de mes deux petites-filles, quoiqu'elle fût déjà une demoiselle fort respectable, sachant lire couramment, restait pour moi *bébé Hélène*.

IV

Je tenais donc enfin mes quatre fugitifs, pris au piége que je leur avait tendu. Il s'agissait de ne plus les laisser échapper.

« Mais où en étais-je ? repris-je.

— A l'histoire de la grande magicienne Gigogne, dit Émilie vivement, la femme du puissant enchanteur Paro..... non ! Para..... non ! Fara.....

— Parafaragaramus ; très-bien. »

Et je poursuivis, en feignant de m'adresser toutefois, non aux répétitrices, non à monsieur le professeur en second, mais au poupées et à François, le zouave :

« La puissante magicienne Gigogne régnait sur toute la terre, et la terre, chers élèves, était loin de ressembler à ce qu'elle est aujourd'hui. Le monde commençait à peine à s'organiser : ainsi, en Europe, en France même, où Gigogne s'était plu à fixer son séjour, on voyait moins de maisons que de fôrets, et moins d'hommes que de loups. Du reste, à ces époques éloignées, les hommes étaient rares partout ; il y avait des familles et pas encore de peuples, par conséquent pas de rois, ce qui contrariait fort la grande Magicienne. Pour quelle raison ?

« C'est qu'elle avait trois filles en âge d'être mariées, la plus jeune venant de compter cent dix-huit ans à la Saint-Jean d'été. Ne riez pas ! Les trois sœurs, nées immortelles, étaient si bien jeunes par le fait, qu'elles n'avaient pas encore été baptisées, ce qui n'allait pas tarder cependant, comme vous allez voir.

« N'ayant pas de rois à donner à ses filles, Gigogne se décida à aller leur chercher des maris ailleurs, dans la lune, qui était le pays de son illustre époux.

« Avant de partir, elle distribua entre elles le gouvernement de tous les objets terrestres.

« L'aînée eut en partage les minéraux, c'est-à-dire non-seulement les pierres, les rochers, mais les métaux aussi : le fer, l'étain, le cuivre, les mines d'or et d'argent, et elle reçut le nom de Minéralia.

« La seconde eut sous ses ordres tous les animaux, ceux qui volent dans l'air, ou qui nagent dans les eaux, comme ceux qui courent dans les forêts, dans les prairies, et jusque sur le sable des déserts. Son nom fut Animalia.

« Quant à la plus jeune, celle de cent dix-huit ans, mise en possession de toutes les plantes qui croissent sur la terre, elle eut sous ses ordres les arbres, les arbustes, les herbes, les fleurs, tous les végétaux enfin, ce qui lui valut d'être appelée Végétalia ; un joli nom, n'est-il pas vrai ?

« Au moment de quitter ses filles, Gigogne leur recommanda le bon accord avant tout. Cette recommandation faite et répétée à plusieurs reprises, car elle savait que ses deux aînées étaient un peu jalouses l'une de l'autre, elle monta sur un char attelé de cigognes-fées (car le nom de *Gigogne*, chers élèves, n'a d'autre origine que celui de cet oiseau, consacré de tout temps à la grande Magicienne ; plus tard, je vous dirai pourquoi), et, accompagnée de l'illustre Parafaragaramus, elle se dirigea vers la lune, alors plus et mieux peuplée que la terre, afin d'y trouver des maris pour ses filles. »

Elle monta sur un char attelé de cigognes-fées accompagnée de l'illustre
Parafaragamus. (Page 24.)

V

« Une fois hors de la tutelle de leur mère, les trois sœurs voulurent régler le rang que chacune d'elles devait occuper.

« Minéralia, outre son droit d'aînesse, faisait valoir ses pierres, ses rochers, ses métaux, qui seuls donnaient de la solidité à la terre. A l'entendre, et elle n'avait pas tort, elle était le fondement du monde.

« Animalia, elle, prétendait, non sans raison, en être le mouvement et la vie. « Que serait votre monde, disait-elle, « s'il était inhabité? si, sur la terre, dans les airs, ou au « sein des eaux, on ne voyait rien s'agiter, courir, nager ou « voler? Je suis donc au-dessus de vous comme la vie est « au-dessus de la matière. »

« Végétalia gardait le silence; mais quand elle vit que ses sœurs, décidément, ne la comptaient pour rien :

« — Mes bonnes sœurs, leur dit-elle de sa voix la plus douce, de grâce, vivons en paix et dans une complète égalité. Si je le voulais bien, moi aussi je ferais valoir mes droits.

« — Vous ! lui répondirent ses deux aînées en lui jetant un regard de dédain; vous êtes bien orgueilleuse !

« — Oui, je le suis des services que j'ai le bonheur de vous rendre, mes sœurs. Si vous êtes le fondement du monde, Minéralia, moi, j'en suis l'ornement. Quelques touffes de mes arbres suffisent à composer une parure, un panache verdoyant à vos roches les plus sombres, et j'ai des gazons et des fleurs pour égayer même vos précipices. — Quant à vous, Animalia, vous êtes le mouvement et la vie, je ne le nie pas; mais que deviendraient vos animaux de toutes sortes sans mes forêts, sans mes fruits, mes graines, dont ils se nourrissent !...

« — Celui qui mange est toujours supérieur à celui qui est mangé ! » lui répondit brutalement Animalia.

VI

« Les querelles entre les deux sœurs devinrent de plus en plus violentes ; elles finirent par une guerre terrible, à laquelle Végétalia refusa de prendre part, mais dont elle ne fut pas moins la victime.

« Pendant longtemps, tout ne fut que désordre sur la terre. Excités par Animalia, les loups, les ours, sortaient de leurs forêts et ravageaient les plaines ; par la volonté de Minéralia, de tous côtés, au sommet des montagnes, des volcans s'étaient formés, et des torrents de feu, coulant dans les vallées, qu'ils incendiaient, y détruisaient à la fois les plantes, les arbres et les animaux.

« O puissante Gigogne, du haut de la lune, jette un regard de pitié sur tes filles ; elles vont être cruellement punies de n'avoir pas tenu compte de tes sages recommandations ! »

« Dieu ! que c'est vilain de ne pas aimer sa sœur! » s'écria Émilie en courant vers Hélène, toujours accroupie dans son coin ; et toutes deux s'embrassèrent avec un tel élan de tendresse que le professeur en fut presque troublé.

VII

« Après s'être fait bien du mal, les trois sœurs se réunirent dans une petite île appelée l'*île des Nénufars*, et que n'avaient pu dévaster ni les éruptions des volcans, ni les invasions des bêtes féroces. Là, malgré tous les efforts de

Végétalia, ses deux aînées, toujours irritées l'une contre l'autre, ne consentirent à la cessation de la guerre que pendant un temps convenu, c'est-à-dire à une trêve, et non à la paix définitive.

« Cette trêve, il est vrai, devait durer plusieurs siècles. Un des articles du traité, dicté par Animalia, portait que, pendant tout le temps de la trêve, chacune des trois sœurs vivrait personnellement de ses propres ressources, sans rien emprunter au domaine des deux autres.

« Et cet article insensé, dont Animalia elle-même eut à se repentir plus tard, par les serments les plus terribles, par le soleil, par les étoiles, par leur immortalité, elles jurèrent de l'observer dans toute sa rigueur.

« Qui dut surtout se mordre les pouces d'avoir fait un pareil serment, je vous le demande? ce fut Minéralia, qui, de fait, n'avait plus que ses pouces à mordre. N'ayant à sa disposition que des pierres et des métaux, de quoi allait-elle se nourrir, à moins de se contenter d'une soupe aux cailloux?

« Ses deux sœurs, quoique mieux partagées qu'elle, n'avaient pas trop à se réjouir non plus. La guerre est fatale à tous. Les oiseaux et le menu bétail, effrayés par la lueur des volcans, ou sentant la terre trembler sous eux, avaient fui si loin, si loin, qu'Animalia ne parvenait pas toujours à mettre la main dessus. Du reste, ce n'est pas elle que je plains; celle que je plains, et de tout mon cœur, c'est la pauvre Végétalia. »

« Et moi aussi! interrompit bébé Hélène, alors tout attentive et les coudes appuyés sur les genoux de sa sœur Émilie.

« La pauvre jeune fille (n'oublions pas cependant, chers élèves, qu'elle a aujourd'hui bien près de cent vingt ans) avait vu disparaître sous la lave et sous la dent des animaux ces plantes précieuses dont les racines ou les tiges délicates et tendres suffisaient à sa nourriture. Elle en était réduite à vivre de mûres sauvages cueillies dans les haies, et de quelques glands de chêne cuits sous la cendre de ses forêts incendiées.

« A un pareil régime, les trois filles de la grande Magicienne maigrissaient à vue d'œil, Minéralia plus vite que les deux autres, bien entendu.

« Un matin, notre amie Végétalia, qui n'avait pas soupé la veille, s'abandonnait à son découragement, lorsqu'elle vit devant elle, enveloppée dans un large manteau blanc, une étrange petite créature, de taille toute mignonne. D'où venait-elle ? Était-elle sortie de terre ou descendue du ciel ? Végétalia n'en savait rien et ne songeait pas à s'en informer, car la présence de l'inconnue l'avait jetée dans un trouble singulier, mais, à coup sûr, ce devait être un personnage tout à fait extraordinaire.... »

VIII

Ici, je tirai ma montre, et, après avoir regardé l'heure :

« Chers élèves, nous n'irons pas plus loin ; la séance ne s'est déjà que trop prolongée.

— Mais ce n'est pas fini ! s'écria Émilie.

— J'allais le dire ! ajouta Fernand ; t'oncle, quelle est donc cette petite créature ?...

— La suite à demain, si cela vous convient, mes enfants.

— Bon papa chéri, dans tout ça tu n'as rien dit du morceau de sucre !

— Demain le morceau de sucre aura son tour, je te le promets. »

Et, après un geste amical adressé à mes répétitrices, et même à mes élèves de carton, je rentrai chez moi pour y achever la lecture de mon journal.

CHAPITRE III

I

Le lendemain, à l'heure convenue, mes chers élèves, les poupées et monsieur François, le zouave, se tenaient de nouveau alignés sur leur banquette ; Maurice, Fernand et les deux répétitrices étaient à leur poste.

Je repris la suite de mon récit :

« Quand la nouvelle venue se fut débarrassée de son vilain manteau blanc, étonnée et charmée à la fois du gentil personnage qui apparut soudainement à ses yeux :

« Qui êtes-vous ! lui demanda enfin Végétalia.

« — Devine.

« — Je ne vous connais pas, mais il me semble que je vous aime déjà ! Quel est votre nom ?

« — Les hommes, sans m'avoir jamais vue, m'ont surnommée LA BONNE PETITE DAME.

« — Et que venez-vous faire dans ces lieux ravagés par une guerre cruelle ?

« — Je viens te gronder.

« Et la bonne petite Dame lui reprocha de s'être laissé

abattre par le malheur, d'avoir manqué de courage, de force, d'industrie, elle alla jusqu'à l'accuser d'avoir été un peu sotte.

« Quoi ! elle, la souveraine de toutes les plantes qui croissent sur la terre, elle en était réduite à s'habiller de feuillage, à se nourrir de glands, à se désaltérer aux ruisseaux, comme le premier animal venu !

« Mais je viens te sortir de cet état misérable; tiens ! » Et lui présentant sa petite main fermée : Il y a là—dedans, lui dit-elle, trois talismans, trois trésors pour toi, si tu en sais tirer parti. »

« Entr'ouvrant à demi sa main frêle et mignonne, elle les fit alors passer dans celle de Végétalia.

« Celle-ci y jeta les yeux, et n'apercevant que trois misérables fragments de n'importe quoi, secs et chétifs, semblables à des crottes d'oiseau ou de souris :

« Ah ! vous vous êtes moquée de moi ! »

« Et, avant que sa nouvelle amie eût pu prévenir son mouvement, elle jeta les trois prétendus talismans loin derrière elle, dans des broussailles où nul ne se serait avisé d'aller à leur recherche.

« Maladroite ! s'écria la jolie visiteuse; et se calmant aussitôt : « Heureusement rien ne se perd ; Dieu sait ce qu'il fait, ajouta-t-elle ; mais, privée de la ressource que je t'apportais, tu ne peux séjourner plus longtemps ici, où la soif, la faim et le froid te tiendront tristement compagnie. Allons, il faut partir; viens, suis-moi ! »

« Le charme étrange qui enveloppait la bonne petite Dame était si puissant, que, quoique Végétalia la connût à peine, quoique tout à l'heure elle en eût été grondée, quoiqu'elle la soupçonnât encore de s'être moquée d'elle au sujet des trois talismans, elle se sentait disposée à lui obéir. Cependant ses forces étaient épuisées par un jeûne trop continu, et elles avaient un long trajet à faire.

Qui êtes-vous? lui demanda Végétalia. (Page 31.)

« Pour vaincre l'empêchement, la jolie naine prit dans ses petits bras Végétalia, dix fois plus grande qu'elle (figurez-vous une hirondelle enlevant une poule), et elle l'emporta à travers les airs avec une telle rapidité, que le même jour toutes deux mettaient pied à terre dans un magnifique jardin situé au centre de l'Asie. »

II

« Végétalia s'émerveillait à l'inspection d'une foule d'arbres, de fleurs, de fruits, qu'elle ne connaissait pas.

« Il en faut bien convenir, ainsi que ces jeunes princes placés à la tête d'un royaume avant d'avoir appris ce qu'il faut pour le bien gouverner, la fille cadette de la grande Magicienne s'était trouvée chargée de l'administration de tous les végétaux de la terre sans trop se douter de leur nombre, de leur importance et du parti qu'on pouvait en tirer.

« Elle continuait sa promenade dans ce magnifique jardin, oubliant, dans son ravissement, la faim, la soif et la fatigue, quand, au détour d'une allée, se dressa devant elle un objet étrange, bizarre, qui sembla tel du moins, car elle n'en avait jamais vu un pareil.

« Cet objet singulier, extraordinaire, c'était tout simplement une tente de coutil à grandes raies bleues.

« La bonne petite Dame l'engagea à s'y abriter contre les rayons du soleil ; mais Végétalia, qui pensait qu'un animal seul, soit par son cuir, soit par son poil, en avait pu fournir le tissu, refusa d'y entrer à cause de son serment.

« Tout en riant, sa charmante compagne, quoique pas plus haute qu'une botte, l'y poussa malgré elle, la força de s'y asseoir, et, lui présentant un manteau de couleur verte du plus bel effet, une jolie robe à fond rose, bordée d'une bande rouge, elle lui proposa d'échanger le tout contre son vilain costume de feuilles, percé à jour partout et qui ne pouvait plus la garantir ni du froid, ni du soleil.

« Végétalia résistait encore.

« Et mon serment, répétait-elle.

« — Aie confiance en moi ! » dit la bonne petite Dame.

« Végétalia eut confiance ; elle se laissa revêtir de la jolie robe rose à bandes rouges, jeta sur ses épaules le grand manteau vert, enroula sur sa tête un rameau de sorbier, aux fruits écarlates. Ainsi parée, elle était vraiment belle, et sa petite compagne, ne l'ayant vue encore que sous son premier costume, qui la faisait ressembler moins à une femme qu'à un buisson, laissa échapper un cri de surprise.

III

« Dans un coin de la tente de coutil à raies bleues, sur un plateau de bois de cèdre, apparut alors aux yeux de Végétalia un autre objet, plus étrange encore que la tente de coutil, et même que la jolie robe rose bordée d'une bande rouge ; cet objet, de forme ovale, séparé dans son milieu par une raie profonde, recouvert d'une espèce de cuir d'un brun doré, répandait une odeur toute particulière, odeur si appétissante que Végétalia sentit sa faim se réveiller tout à coup avec violence. Elle fit un geste pour s'en saisir ; mais c'était chaud et ça fumait...

« — Tiens ! tiens ! dit Fernand ; bien sûr, ça doit être un animal !

« — C'est ce que pensa Végétalia, repris-je ; aussi, toujours songeant à son serment, elle s'en reculait maintenant avec horreur, quand de cet objet si appétissant, qui était chaud et qui fumait, la bonne petite Dame coupa un morceau...

« — Ah ! la pauvre bête ! s'écria Émilie.

« — Heureusement, lui dis-je, la pauvre bête n'était rien autre qu'un pain, oui, un pain de fine farine et sortant du four.

« Notre innocente voyageuse mangea là du pain pour la première fois de sa vie, et elle trouva cette nourriture si agréable, elle l'apprécia si bien, elle en mangea tant, qu'elle en faillit étouffer.

« Pour faire cesser l'étouffement, sa compagne lui versa d'un vin généreux rouge comme un rubis.

« Végétalia cru que c'était du sang et recula avec horreur.

« — C'est le sang de la vigne ! lui dit la bonne petite Dame ; bois-le sans crainte.

« Elle en but, et trouva au sang de la vigne un goût très-agréable.

« Ainsi, elle avait habité sous une tente, s'était vêtue autrement que de feuillage, s'était nourrie et désaltérée sans avoir recours à l'eau des sources ou aux fruits des arbres ; et le soleil ne s'était pas obscurci, le tonnerre n'avait pas grondé, le ciel ne s'était pas fendu en quatre ; donc elle n'avait pas manqué à son serment.

IV

« Huit jours d'un pareil régime et notre amie n'était plus reconnaissable. Elle engraissait à vue d'œil. Elle était redevenue alerte, de joyeuse humeur, elle se sentait heureuse....

« — Ah ! tant mieux ! » exclama la bonne Émilie.

« Mais sa charmante petite compagne avait des affaires importantes qui l'appelaient ailleurs.

« L'heure de la séparation venue, Végétalia, tout attendrie, lui témoigna de sa reconnaissance pour les biens inestimables, pour les trésors dont elle l'avait gratifiée.

« Ces trésors, lui répliqua celle-ci en souriant, tu les as cependant rejetés bien dédaigneusement la première fois que je te les ai offerts.

« — Comment ?.... que dites-vous.

« — Eh ! oui, sans doute. De quoi se composaient mes trois talismans ? d'un *grain de chènevis*, d'un *grain de blé*, d'un *grain de raisin*.

« Le chènevis, qui, aujourd'hui encore, ne se trouve que dans le royaume de Perse, je l'y étais allée chercher moi-même. C'est lui qui produit le chanvre, par conséquent la toile de chanvre dont tu es vêtue dans ce moment ; de même il a fourni le joli coutil à raies bleues de la tente où tu reposes depuis huit jours.

« Le grain de raisin, je l'avais recueilli dans les montagnes du Caucase, où la vigne a paru pour la première fois sur la terre.

« Quant au grain de blé, poursuivit la bonne petite Dame, l'Égypte me l'avait fourni, l'Égypte, destinée, rien que par cette production de si peu de valeur en apparence, à devenir la mère nourricière du genre humain.

« Après tout, mon enfant, je te rendais là ce qui t'appartient. Cependant, entre nous, compte un peu moins sur mon aide dorénavant ; agis par toi-même, fais ton métier, voyage, visite tes nombreux sujets, peut-être s'en trouve-t-il parmi eux plusieurs dignes d'être tirés de leur obscurité présente. Voilà le conseil qu'il me restait à te donner. Maintenant, adieu ! »

« Et toutes deux s'embrassèrent en se promettant bien de se revoir un jour ; après quoi la bonne petite Dame, toute petite qu'elle était, sembla encore décroître, diminuer de plus en plus, sans se déformer cependant, sans que s'altérassent

les traits de son joli visage. Bientôt, Végétalia ne la vit plus
que de la grosseur d'un moineau, et elle continuait toujours
de s'amoindrir, tant et si bien que des yeux moins exercés
l'auraient prise pour une mouche ; elle finit enfin par s'éva-
nouir complétement dans un rayon de soleil. »

V

Le murmure de satisfaction qui suivit me prouva que mes
trois talismans n'avaient pas manqué leur effet.

« Chers élèves, il me resterait encore beaucoup à vous
dire sur Végétalia, sur ses voyages dans les diverses parties
du monde ; mais je vois monsieur le zouave étendu sur le dos,
les yeux fermés ; je crains que le besoin de sommeil ne vous
gagne à votre tour... »

Ici, nombreuses réclamations. Fernand, courant à son
soldat, le redressa si vivement en le saisissant par le milieu du
corps, que le zouave, réveillé en sursaut, ouvrit des yeux
démesurés, et dit : « Papa ! »

Malgré tous ces témoignages de satisfaction, pensant qu'il
est sage et prudent de s'arrêter à propos, je déclarai la séance
terminée.

« Comment, terminée ? déjà ! s'écria bébé Hélène, mais ça
n'est pas possible ! Et le morceau de sucre ?

— Chère enfant, lui répondis-je, la bonne petite Dame
m'a entraîné plus loin que je ne voulais. Le morceau de
sucre, sans faute, figurera dans notre prochaine séance ; il
y jouera même un rôle important. »

CHAPITRE IV

I

« Chers élèves, résolue de suivre les conseils de la bonne petite Dame, Végétalia quitta sa jolie tente de coutil aux grandes raies bleues, et se mit à parcourir l'Asie ; elle passa en Chine, au Japon, aux Indes…. Mais avant de vous entretenir des découvertes qu'elle y fit, ne serait-il pas utile de vous parler d'abord de ce que sont devenus, parmi nous, les trois talismans? de ce qu'on a pu obtenir de nos jours du grain de blé, du grain de chanvre et du grain de raisin? Qu'en pense mon suppléant Maurice?

« L'idée est bonne, » me répondit Maurice avec la gravité d'un vrai professeur.

II

« Des montagnes du Caucase, où grâce peut-être à la bonne petite Dame, le patriarche Noé l'avait rencontrée, la

vigne a gagné les coteaux de la Bourgogne, les plaines mous-
seuses de la Champagne, celles du midi de la France, celles
mêmes des environs de Paris.

— Ça, c'est vrai ! interrompit Fernand, car l'année dernière, moi, j'ai été faire les vendanges à Argenteuil ; ah !
c'est bien amusant !

— Il est bon d'avoir une idée de l'art du vigneron, dis-je.
Voyons, Fernand, puisque, non content d'avoir poussé tes
voyages jusqu'à Senlis et Brunoy, tu les as dirigés aussi du
côté d'Argenteuil, peux-tu nous dire comment on y fabrique
le vin ?

— Certainement, t'oncle. D'abord, on cueille le raisin,
les grappes de raisin.... oui, on commence par là.... et,
tout en les cueillant, on en mange, on en mange tant qu'on
veut : le moins bon, celui qu'on ne mange pas, on le met
dans un petit panier qu'on tient à la main ;... puis, quand
le petit panier est plein, on le vide dans les hottes de bois
que les maîtres vendangeurs portent sur leur dos ;.... puis,
eux aussi, ils vont vider leurs hottes dans des tonneaux placés
sur des voitures ;.... puis encore, on vide les tonneaux dans
une grande cuve.... Quand tout le raisin est dans la cuve, on
l'écrase au moyen du *pressoir*, qui est une machine de bois ;
on en fait sortir tout le jus.... ce jus, c'est du vin ! »

III

« Chers élèves, dis-je en me tournant vers les poupées,
vous le voyez, au besoin les professeurs ne vous manqueront
pas. Mais de la vigne on n'a pas tiré seulement du vin. Avec
le vin, au moyen de certaines inventions, on a fait de l'*eau-
de-vie*, de l'*alcool*, comme disent les savants. Ainsi changé

de nature, le vin n'est plus une boisson ; il brûlerait la lèvre
qui oserait y goûter ; on l'emploie alors pour la conservation

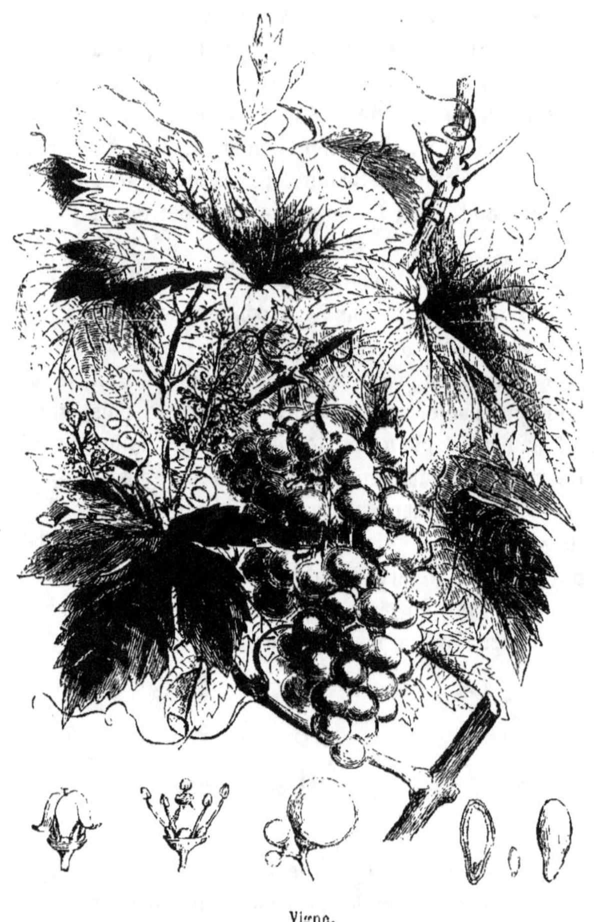

Vigne.

de certaines substances, pour la composition de certaines
autres ; les distillateurs en font des liqueurs de toutes sortes.

Les vendanges.

Nous voilà déjà loin de ces temps d'ignorance où notre amie Végétalia jetait par-dessus son épaule le pepin de raisin déposé dans sa main par la bonne petite Dame ! Ainsi va le monde, où tout grandit, où tout se perfectionne, de siècle en siècle, de jour en jour, grâce à l'industrie de l'homme.

« Le grain de chanvre vous le démontrera mieux encore que le grain de raisin.

IV

« Du chanvre, chers élèves, il a déjà été question entre nous à propos de l'écheveau de fil, à propos de la petite tente et de la jolie robe rose; vous êtes loin cependant de connaître encore tous ses mérites.

« Non-seulement avec le chanvre on fait du fil, de la toile et du coutil, on fait aussi des cordes, au moyen desquelles vos petites mamans se livrent à un exercice salutaire; puis d'autres cordes, bien plus grosses, qu'on nomme des *câbles*, et qui servent aux marins ; et des *filets* pour pêcher le poisson. Son rôle ne finit pas là, bien s'en faut !

« Quand toutes ces toiles, tous ces coutils, toutes ces cordes, tous ces fils et tous ces filets sont usés, hors de service, on les broie, on les réduit en pâte; cette pâte, étendue, blanchie, passée au rouleau, devient....quoi ? du *papier* ! oui, du *papier à écrire*, du papier sur lequel Fernand et Hélène font leurs grandes lettres majuscules, et le savant Maurice ses versions et ses pensums ; ou du *papier à dessiner*, que ma bonne Lili noircit de nez, de bouches, d'arbres et de maisons; ou encore du *papier à imprimer*, dont on fabrique, pour les enfants, ces livres récréatifs, enrichis de si belles images !

« Ce n'est pas tout, chers élèves; outre du papier, on en

fait aussi du *carton*; du carton ! entendez-vous, mesdemoiselles les poupées ? Non-seulement le chanvre vous a fourni la plupart de vos ajustements, mais la matière même dont vous êtes faites ! Comprenez-le bien, mesdemoiselles, vous êtes nées d'un grain de chènevis !

« Pas Zéphirine ! dit vivement Émilie ; elle a une tête de porcelaine !

« — Bijoute aussi ! ajouta sa sœur.

« — Mes enfants, la modestie convient aussi bien à la porcelaine qu'au carton ! » leur répondis-je avec une gravité presque égale à celle de mon suppléant Maurice. »

V

Fernand s'était posé un doigt sur le front :

« T'oncle, quand j'étais petit, je ne savais pas que le chènevis est la graine du chanvre, et le croyais bon seulement à donner aux perroquets.

— Mon garçon, tu viens d'éveiller en moi un souvenir.... celui d'un bonhomme qu'on avait surnommé le père Chènevis, et qui, un beau jour, se trouva changé en perroquet.

— Ah ! dis-nous le conte, bon papa chéri !....

— Ce n'est pas un conte, mes enfants, c'est une histoire véritable, comme vous allez en juger, et cette histoire me servira à compléter pour vous celle du chanvre. »

VI

L'attention était grande autour de moi ; après m'être recueilli un instant :

« Le père Chènevis, que j'ai parfaitement connu, leur dis-je, avait tour à tour exercé l'état de tisserand, celui de cordier, et était parvenu à gagner une espèce de petite fortune dans le commerce du chanvre. Devenu vieux, retiré des affaires, il prétendait que sa plante bien-aimée pouvait satisfaire seule à tous les besoins d'un homme raisonnable.

« Acquéreur d'un grand terrain à la campagne, au lieu d'y planter des arbres, des fleurs, des légumes, il en avait fait une *chènevière*; il n'y avait semé que du chanvre, rien autre chose.

« Je viens de vous parler du carton, mais outre le carton ordinaire, avec le chanvre on est parvenu à composer le *carton-pierre*, presque aussi solide que la pierre elle-même, du moins ce fut bientôt la conviction du père Chènevis, qui ne manqua pas de s'en faire construire une maisonnette.

« Dans cette maisonnette, assez bien conditionnée vraiment, les moulures des plafonds, les ornements des portes étaient en *carton-pâte*, autre invention à peu près semblable au carton-pierre, et provenant de la même source.

« Pour occuper ses loisirs, le père Chènevis préparait sa filasse; il en tirait du fil, maniant la quenouille, faisant faire brrou! brrou! à son rouet tout aussi bien que ces braves femmes observées par Fernand durant ses voyages. Sa provision de fil achevée, il en fabriquait de la toile, dont il s'habillait, dont il habillait aussi sa maison, car ses rideaux, ses tentures, les draps de son lit, comme son linge de table, tout sortait de ses mains et de sa chènevière. Ses siéges, ses fauteuils, ainsi que ses matelas, n'étaient couverts que de sa toile, et bourrés, en guise de crin, de filasse et de menue paille de chanvre.

« J'ai négligé de vous le dire, je crois, chers élèves, mais la graine du chanvre donne une huile excellente pour l'éclairage. Nécessairement, le père Chènevis n'en usait pas d'une autre pour sa lampe. Donc, habitation, costume, linge de corps, linge de table, meubles, matelas, éclairage, occupations journalières, sa chère plante suffisait à tout.

« Il ne lui restait plus qu'à en faire sa nourriture. Pourquoi n'aurait-il pas essayé? Les perroquets s'en contentent.... Il essaya.

« L'amande de la graine, quoique d'une saveur agréable, lui laissait dans la bouche un certain goût d'huile qui, d'abord, ne lui plut que médiocrement. Avec l'habitude, il s'y fit, assaisonnant sa graine de jeunes pousses, de jeunes feuilles de chanvre, cuites ou en salade.

« Tout allait donc au mieux pour le père Chènevis. Cependant, un matin, en s'éveillant, il fut grandement surpris en s'examinant des pieds à la tête : sa tête, ainsi que le reste de son corps, était couverte de plumes ; un gros bec de corne avait remplacé sa bouche ; ses bras s'étaient repliés et façonnés en ailes, et ses pieds n'étaient plus que deux pattes recouvertes d'écailles.

« Un ami étant venu lui faire visite, le trouva installé sur un bâton, son perchoir.

« Cet ami, très-étonné de le trouver dans cette position, lui ayant demandé ce qu'il faisait là, le père Chènevis lui répondit en enflant sa voix : *As-tu déjeuné, Jacquot? Oui! Oui! oui! oui! oui!* » Puis il se

Perroquets cacatoës.

mit à chanter : *Quand je bois du vin clairet, tout tourne, tout tourne.. . Portez arme!.... rataplan, plan, plan, plan, plan!....* »

« Le père Chènevis n'était plus qu'un perroquet ; mais un superbe perroquet cacatoës.

— Ah ! bon papa chéri, tu veux rire ! est-ce que vraiment ça peut arriver ?

— Ce qui peut arriver, mon enfant, c'est que les idées s'embrouillent dans la tête ; l'excès des meilleures choses devient souvent nuisible ; l'excès du vin fait perdre la raison ; le chanvre, mal-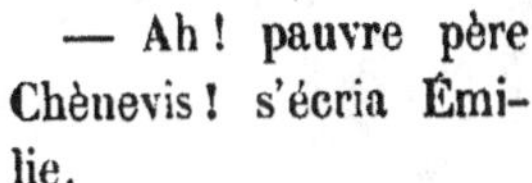gré toutes ses bonnes qualités, renferme, dans ses feuilles surtout, un principe plus dangereux encore que celui du vin et qui pousse au rêve, à la folie. La veille, notre bonhomme avait soupé d'une salade de feuilles de chanvre, et il était devenu fou.

— Ah ! pauvre père Chènevis ! s'écria Émilie.

— Rassure-toi, ma fille ; on fit venir un médecin, qui, en le soumettant à une autre manière de vivre, lui rendit son bon sens, pas tout entier cependant, car on ne put jamais lui ôter de la tête qu'il avait été perroquet. »

VII

L'histoire du père Chènevis me parut avoir fait un très-bon effet sur l'assemblée ; cependant, au milieu du murmure

de satisfaction qui s'élevait, je m'entendis apostropher vivement par bébé Hélène :

Blé.

« Bon papa chéri, et ce morceau de sucre ? Je ne le vois
pas venir, moi !... Est-ce que tu vas encore le renvoyer à un
autre jour ?... C'est trop fort !...

— Nous y touchons, chère petite ; mais je ne puis entièrement passer sous silence le dernier des trois talismans de la bonne petite Dame, le grain de blé....

« Avec le blé, on fit du pain d'abord ; très-bien ! c'est quelque chose, c'est beaucoup !.... Et, notons-le en passant, chers élèves, de nos jours encore, on donne au pain cette même forme allongée, fendue par le milieu, que présente le grain de blé.

« Mais de la farine, obtenue par la *mouture*, c'est-à-dire en l'écrasant sous la meule, que n'a-t-on pas fait ?

« On en a fait en premier lieu de la *bouillie* pour les tout petits enfants ; et des sauces blanches, et des sauces rousses, pour la cuisine. De cette farine, mélangée avec diverses autres substances, on a composé de la pâtisserie, des pâtés, des brioches, des tartes et des tartelettes....

— A la bonne heure ! voilà qui est bon !

— Je vous en dirais encore long sur le blé et sur la farine, chers élèves ; j'y reviendrai peut-être plus tard, mais on me presse, on me somme de tenir ma parole ; finissons-en donc avec les trois talismans de la bonne petite Dame, et rejoignons Végétalia, notre amie, là où nous l'avons laissée au commencement de la séance. »

VIII

« Végétalia était dans les Indes, occupée à prendre connaissance de ces plantes magnifiques qu'elle ne pouvait toutes espérer rapporter dans nos froids climats, où l'hiver les eût fait périr. Elles devaient nous profiter cependant.

« Ainsi, c'est pendant une de ses courses qu'elle rencontra le cocotier, sorte de palmier à la tige élancée, et dont la noix énorme divisée en deux peut fournir à la fois au voyageur une liqueur agréable pour se désaltérer, une coupe pour boire, une amande épaisse et succulente pour apaiser sa

Cocotier.

faim, même une bourre solide semblable à du crin végétal, et dont il pourrait au besoin se tisser un vêtement.

« Par malheur, ce fruit, de si bonne ressource, est placé tout en haut de la tige, comme le prix au haut d'un mât de cocagne, et il faut être habile grimpeur pour y atteindre.

« Notre amie Végétalia rencontra encore bien d'autres plantes non moins précieuses, et dont nous parlerons quand leur tour sera venu.

« Arrivons à sa principale découverte.

« Accablée de soif et de fatigue, un jour qu'elle s'était reposée sur les bords d'un marais dont les eaux lui inspiraient quelque défiance, elle y vit un roseau à la tige haute, élégante, espacée çà et là de légers épis. L'idée lui prit de le mâcher pour en extraire la sève, sans doute rafraîchissante. Cette sève lui remplit la bouche de la saveur la plus douce qu'elle eût jamais connue.

« C'était la canne à sucre ! »

A ce mot, Émilie, Fernand et bébé Hélène eurent comme un frémissement de joie et de surprise. Maurice ne bougea pas, les poupées non plus.

« A son début, repris-je, la canne à sucre, lorsque les hommes furent à même d'en connaître le prix, brisée, pressurée sous de puissantes machines, comme le raisin, ne donna d'abord qu'une liqueur agréable, un *sirop*. Plus tard, c'est-à-dire quelques siècles après, on trouva moyen d'en extraire une sorte de poudre jaune, qu'on nomma *cassonade*.

« Cette cassonade, on la vendait chez les apothicaires comme un remède contre la colique, et tous les enfants se plaignaient de la colique pour avoir leur part de cette bienheureuse drogue.

« Plus tard encore, un savant trouva le moyen de purifier, de raffiner la cassonade : il en fit du *sucre*. Puis, un plus savant inventa les *dragées;* oui, chers élèves, les dragées ! A cette époque, elles furent tellement à la mode que les rois et les chevaliers avaient pour habitude de porter sur eux un *drageoir*, une boîte à dragées, comme ensuite on porta une tabatière, comme on porte aujourd'hui un étui à cigares.

« Enfin, de nos jours, nous avons le sucre sous toutes les
formes, sous toutes les couleurs, le sucre en pains, en poudre,

Canne à sucre.

en morceaux; le *sucre de pomme*, le *sucre d'orge*, qui sont
des sucres clarifiés, mélangés à de la gelée de pommes, ou à
une forte tisane d'orge épaissie par la cuisson, et relevée par

différentes essences, ce qui fait qu'il y en a pour tous les goûts,
au choix de l'amateur.

« Nous avons aussi le *sucre candi* ou *cristallisé*, le *sucre
brûlé* ou *caramel*; de celui-là, quand il est à l'état de sirop,

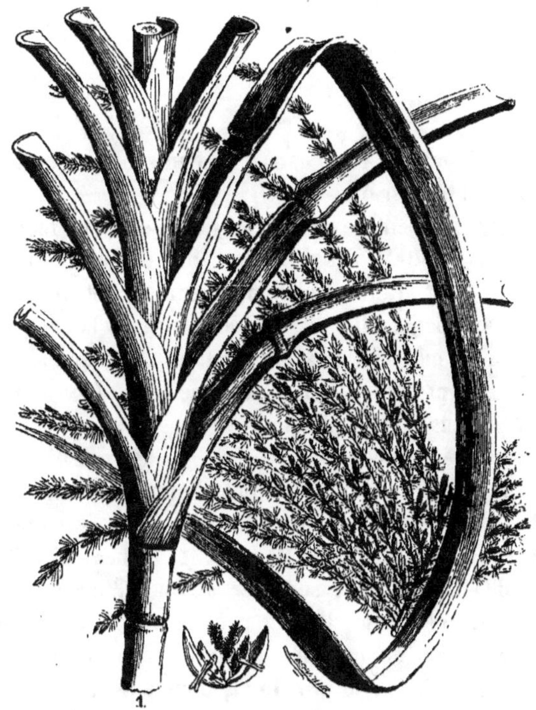

Canne à sucre.

on se sert pour colorer le bouillon, pour dorer certaines
pâtisseries; à l'état solide, il nous fournit une friandise en
tablettes.

« Le sucre ne nous donne pas que les bonbons au caramel, il nous donne encore les *dragées*, et les *pastilles*, et les
pralines !....

« C'est un grand siècle que celui où nous vivons, chers enfants ! Rendez tous grâce à Végétalia, qui d'un frêle roseau a fait jaillir pour vous une fontaine à sucre ! »

Je crus devoir m'arrêter après ce beau mouvement oratoire.

IX

Mon petit monde était dans l'enchantement. Cependant Hélène restait pensive.

Après un moment de silence, se rapprochant de moi :

« Des tartelettes, des brioches, des dragées, du sucre d'orge !... C'est vraiment bien intéressant la botanique !

— Chère petite, lui dis-je, du moins la botanique t'a appris qu'un morceau de sucre n'est pas une pierre.

— Oh ! à présent, à la Devinette, je dirai *plante* et même *végétal*, à cause de Végétalia. »

Ma victoire était complète !

Dès ce jour, je ne rencontrai plus d'opposition. Loin de là, de nouveaux élèves m'arrivèrent de tous côtés ; les camarades de Fernand, ceux même de Maurice, les jeunes amies d'Émilie et d'Hélène vinrent solliciter de moi l'honneur d'être admis dans ma classe. J'y mis pour condition qu'ils amèneraient avec eux un polichinelle ou une poupée : je tenais à mon idée. Tous me le promirent, mais tous ne tinrent pas parole.

N'importe, la semaine suivante, lorsque j'entamai ma leçon, j'avais dans mon école le banc des garçons et le banc des filles ; et j'aurais eu, à la rigueur, le droit d'écrire sur ma porte :

INSTITUTION UNIVERSITAIRE DE POUPÉES,

A L'USAGE DES DEUX SEXES.

CHAPITRE V

I

Mon neveu Maurice, en qualité de mon suppléant, avait été chargé par moi de mettre les nouveaux venus au courant des leçons précédentes.

De plus, vu l'augmentation dans le nombre de mes élèves, et le manque de siéges pour tout ce petit monde en chair et en os, en bois ou en carton, il avait pris soin de diviser en deux le cercle de mes auditeurs.

A ma droite assis sur une longue banquette, messieurs les gouverneurs tenaient leurs polichinelles sur leurs genoux ; à ma gauche, des chaises avaient été disposées pour les répétitrices et pour les demoiselles. Quelques poupées de second ordre, quelques pantins, arlequins ou pierrots, assis ou debout, avaient simplement pris place sur le tapis du parquet.

C'était vraiment un beau spectacle à contempler que celui de cette brillante jeunesse, ainsi réunie sous mes yeux dans un but d'instruction.

De mon côté pour mieux trancher du professeur, j'avais

fait placer vis-à-vis de moi une petite table surchargée de pailles et d'épis, choisis parmi les plantes qui devaient me fournir le sujet de la leçon; mais tout ce fourrage, je le crains bien, devait me donner quelque peu l'air d'un professeur.... devant sa mangeoire.

Les choses ainsi réglées, je repris la leçon où je l'avais laissée huit jours auparavant.

II

« Chers élèves, notre grande amie Végétalia, je vous le répète, n'avait pas seulement, durant ses longs voyages, fait connaissance avec la canne à sucre; à l'épi de blé qu'elle devait à la bonne petite Dame, elle avait réuni les épis de maïs, de riz, d'orge, d'avoine, de seigle, enfin cette foule de plantes, depuis appelées CÉRÉALES, parce qu'on en attribua injustement la découverte à une certaine *Cérès*, élevée, on ne sait pourquoi, au rang de déesse des moissons. La vraie Cérès, c'est Végétalia. »

Ici, d'après mon ordre, Maurice fit circuler parmi l'auditoire des épis d'orge, de seigle et de maïs; le *maïs*, ou *blé de Turquie*, par la grosseur, par le brillant, par les couleurs variées de son grain, attira tout particulièrement l'attention. Sur les chaises de gauche, on était d'accord que son emploi le plus raisonnable serait d'en faire des colliers ou des bracelets pour les poupées.

Je fis de même passer, comme plante céréale, un long épi de millet, emprunté à la cage des serins. Lorsque j'annonçai que le *millet* servait dans certaines contrées du Midi à faire du pain :

« Ah! bon papa chéri! tu veux rire! s'écria bébé Hélène; tu nous a dit l'autre fois qu'on s'habillait avec de la graine de

C'était vraiment un beau spectacle à contempler. (Page 57.)

perroquet, et maintenant voilà qu'on se nourrit avec de la graine de serin ? C'est trop fort !... Bijoute refuse d'y croire.

— Il en est pourtant ainsi, et dis à Bijoute que non content de faire du pain avec du millet, on en fait aussi avec le *seigle*, oui le *pain de seigle*, que je t'ai vue, toi-même, au Jardin des plantes, prodiguer à l'ours Martin ; il est bis celui-là ; comme il y a du pain blanc, il y a aussi du pain bis, et même du pain noir....

Oui, le *pain d'épice* ! » interrompit un de mes jeunes gouverneurs, nommé Adolphe, esprit joyeux, qui s'intéressait vivement à toutes les questions alimentaires.

« Le pain d'épice, reprit-il, c'est le meilleur de tous les pains !

— Jeune homme, lui répliquai-je, le *pain d'épice*, qui, du reste, se fabrique aussi avec la farine de seigle mélangée de miel ou de mélasse, est plutôt du gâteau que du pain. Le pain noir dont je parle est le produit du blé noir, vulgairement appelé *sarrasin* ; il n'est pas un gâteau, celui-là ; bien s'en faut ! En certains pays, cependant, les pauvres gens n'en mangent pas d'autre.

— Mais, monsieur, me dit Marie D..., une de mes nouvelles pensionnaires, gentille personne, aux yeux vifs et intelligents, puisque le pain de blé est le meilleur, pourquoi ne sème-t-on pas du blé partout.

— Alors, aussi bien que nous, les pauvres gens pourraient manger du pain blanc, ajouta Émilie.

— C'est vrai ! c'est vrai ! répéta-t-on de gauche à droite.

III

— Mes amis, sans doute l'idée est excellente ; elle prouve d'abord que tous vous avez de bons petits cœurs, mais elle prouve de même que vous n'entendez pas grand'chose aux travaux des champs. Toutes les terres n'ont pas les mêmes qualités, ne sont pas également favorisées d'une bonne expo-

Maïs ou blé de Turquie.

sition au soleil, ou d'une suffisante épaisseur de terreau. Eh bien! là où le blé refuse de croître, l'orge, moins difficile, s'y plaira; là où l'orge poussera chétive, le seigle, plus rustique, se développera fort et vigoureux; ainsi des autres.

«D'ailleurs, mes amis, chaque chose a son utilité. Pour la nourriture des chevaux et de la volaille, en certains cas,

Fruit du maïs.

l'avoine et même le sarrasin conviendront mieux que le blé. Et l'orge, chers élèves, l'orge !.... Quels services ne nous

rend-elle pas ! c'est à elle que nous devons une boisson précieuse....

Seigle.

— Quoi ! une boisson ?... Écoutez ! écoutez !
— Comme le blé, la vigne veut choisir son terrain ; aussi,

mes enfants, il en est du vin comme du pain blanc, il n'y
en a pas pour tout le monde. Heureusement, dans les pays

Sarrasin.

où la vigne refusait de venir, grâce à l'orge, à défaut de vin,
on fit de la *bière*.

« — J'aime mieux le coco ! » dit Adolphe, ce qui fit beaucoup rire l'assemblée.

« — Je pourrais, repris-je, vous expliquer en quoi consiste

Avoine cultivée.

l'art du *brasseur*, c'est-à-dire de celui qui fabrique la bière;
je préfère vous raconter comment, un beau jour, la bière

fut inventée par un digne homme de l'ancien temps, qui ne savait trop ce qu'il faisait. »

Orge.

Il s'agissait encore d'une histoire, toute la classe demeura attentive.

IV

« Il y a bien longtemps de cela !..... Dans une ville de l'Égypte, de la Perse ou de tout autre pays, un homme, dont on n'a jamais su le nom, fut atteint d'un gros rhume.

« Le médecin lui ordonna de faire usage chaque matin, à jeun, de deux pintes d'une forte tisane de grains d'orge. C'était alors la tisane à la mode.

« Notre homme prit une grande bouilloire, y jeta son orge, et il se disposait à mettre le tout sur le feu, quand une affaire de la plus haute importance l'appela soudainement dehors.

« Dehors, il resta cinq jours.

« Quand il rentra chez lui, l'orge avait germé dans la bouilloire ; il l'en retira, et machinalement la déposa sur le bord de sa fenêtre, où un soleil ardent vint bientôt la sécher. Puis il goûta à sa tisane, la trouva fade à soulever le cœur, puis il pensa à autre chose, car il était fort distrait.

« Le lendemain il se rappela qu'il avait oublié de faire chauffer le breuvage, comme le lui avait ordonné le docteur. Ne possédant chez lui d'autre orge que celle qu'il avait sur sa fenêtre et ne s'inquiétant pas pour si peu, il la fit rentrer dans le vase, aux trois quarts rissolée qu'elle était par le soleil, et se décida enfin à mettre le vase sur le feu.

« Sur ces entrefaites, le médecin arriva. L'homme s'était endormi et le feu s'était éteint.

« Le médecin, à son tour, goûta le liquide ; il le trouva excessivement sucré, ce qui surprit très-fort le malade. Le docteur le surprit bien plus encore lorsque, après avoir réfléchi, il lui prédit que sa tisane, quoique tiède à peine, presque froide, allait bientôt s'échauffer d'elle-même et bouillir sans que le feu y fut pour rien.

« Notre homme crut à une plaisanterie; mais, à sa profonde stupéfaction, sous ses yeux, la tisane commença à frissonner et à jeter de petits bouillons. C'était la fermentation qui commençait, la fermentation, chers élèves, qui, comme celle du vin, devait transformer la partie sucrée du liquide en une espèce d'eau-de-vie.

« Notre enrhumé criait au miracle, et le miracle, c'est lui qui l'avait fait; car toutes ses allées et venues, tout ce fricotage de graines germées, retirées du vase, tour à tour rissolées et à demi cuites, étaient indispensables pour forcer la tisane à devenir de la bière.

« Ainsi, la découverte de cette liqueur précieuse, le *vin d'orge*, comme on disait alors, fut due à un rhume ou à un enrhumé.

« Plus tard, on s'imagina d'y mêler la fleur du *houblon*, sorte d'ortie grimpante, à laquelle la bière doit de se conserver, de gagner même en vieillissant, et cette saveur amère tant appréciée des amateurs....

— J'aime mieux le coco ! » répéta notre espiègle Adolphe avec un nouveau succès parmi l'auditoire.

V

« Chers élèves, repris-je, les graines céréales nous rendent bien d'autres services; d'abord, on en compose d'excellents potages : potages à la *semoule*, au *vermicelle*, au *macaroni;* le macaroni, le vermicelle, la semoule, n'était autre chose que des pâtes farineuses pressées dans une passoire à ouvertures plus ou moins larges ; et les potages au *gluten*, composés avec la partie la plus succulente, la plus nourrissante du blé ou de l'avoine; et les potages au *gruau*. Le gruau, mes enfants, est du blé de première qualité, du blé froment, purifié, concassé, dépouillé de ces petites pellicules qui en forment l'enveloppe et que l'on appelle le *son*.

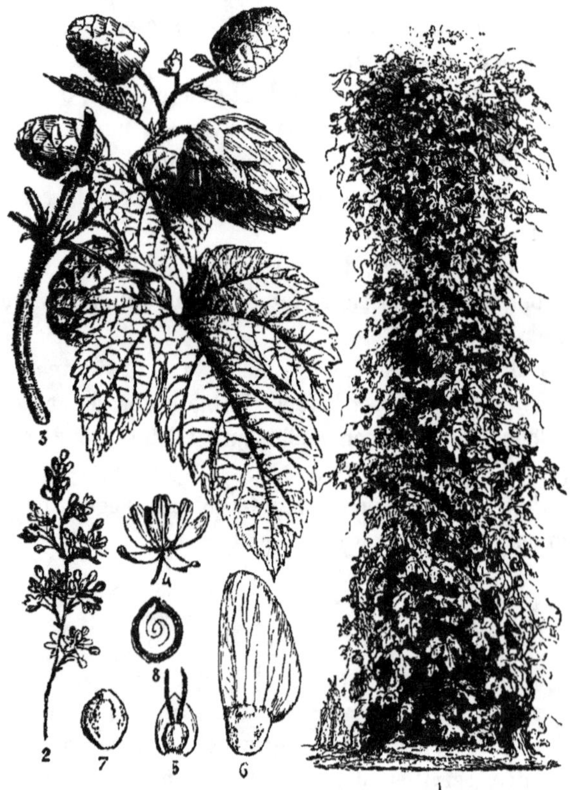

Houblon, fleurs, fruits et graines.

— Et le *racahout des Arabes*, monsieur, dit la gentille Marie D..., est-il aussi un produit des graines céréales ?
— Le racahout, aujourd'hui si connu, excepté des Arabes,

et qui n'a rien d'arabe, pas même son nom, lui répondis-je,
est simplement un mélange de glands doux, de sucre et de
chocolat.

— Mon Dieu, bon papa, que tu es donc savant! exclama
Émilie avec un air d'admiration.

— Je suis vieux, oui, ma fille, et avec le temps on
apprend bien des choses.

— Et le *tapioca*? demanda à son tour Hélène; je l'aime
beaucoup, moi! Le fait-on avec de l'orge ou de l'avoine?

— Chère petite, le tapioca nous est arrivé directement
d'Amérique; on le tire non de l'avoine ou de l'orge, mais
des racines d'un arbre, dont la substance, râpée, tamisée,
desséchée, donne cette espèce d'empois qui te paraît si
agréable.. Cependant mes enfants, je vous le dis tout bas et
entre nous, l'arbre qui produit le tapioca est très-fort soupçonné de renfermer un poison subtil.

— Ah! mon Dieu! s'écria Fernand en mettant les mains
sur son ventre; et moi qui en ai mangé ce matin! T'oncle,
est-ce que je suis empoisonné? »

Je ne pus retenir un éclat de rire.

« Non, mon garçon, rassure-toi. Grâce aux préparations
qu'on fait subir à l'arbre qui produit le tapioca, il devient le
végétal le plus honnête et le plus inoffensif qu'on puisse rencontrer. »

La séance était terminée. Un instant après, poupées, pierrots, arlequins et polichinelles, la plupart restés assis, depuis
une demi-heure fort mal à leur aise, avec l'aide de leurs
gouverneurs et de leurs petites mamans, se livraient à une
danse folle pour se dégourdir les jambes.

CHAPITRE VI

I

« Aujourd'hui, chers élèves, il n'est plus question pour nous d'apprécier les produits des champs ; nous allons pénétrer dans le grand verger historique.

« Le premier verger de Végétalia, vous le savez, n'était, à bien dire, qu'un bois, une forêt où les chênes et les hêtres, faisant presque seuls l'office d'arbres fruitiers, lui fournissaient, pour toute friandise, des glands et des faînes, auxquels les buissons ajoutaient quelques petits fruits aigrelets. Les choses en restèrent là pendant longtemps.....

— Mais, bon papa, dit Émilie, est-ce que, en France, dans notre pays à nous, il n'y a pas toujours eu de belles poires, des prunes, des cerises ?

— Bien s'en faut, mon enfant. On y pouvait rencontrer, par-ci par-là, des poiriers et des pommiers sauvages, voilà tout. Un jour, cependant, des gens, venus on ne sait d'où, peuplèrent ces forêts, en abattirent une partie, dont ils cultivèrent le terrain ; et comme les poires et les pommes qui s'offraient à eux n'étaient guère mangeables, ils s'en firent du *cidre*.

II

« —Ah ! bon papa chéri, apprends-nous, me dit Hélène, comment on fait le cidre : tu nous as déjà appris comment se fait la bière, et j'ai bien retenu, va !... D'abord, il faut être enrhumé, puis on fait venir un médecin, puis on reste dehors pendant cinq jours... »

Hélène n'acheva pas. Un rire général venait de lui couper la parole.

— Est-ce que ce n'est pas ça ? dit-elle un peu émue.

— Oui, ma fille, c'est cela à peu près. Mais pour le cidre on n'a besoin ni d'un rhume, ni d'un médecin ; on écrase tout simplement le fruit sous le pressoir, et le jus qui sort de la cuve, c'est le cidre. Ce cidre, s'il est fait avec des pommes, c'est du *pommé;* s'il est fait avec des poires, c'est du *poiré.* Comprends-tu ?

— Ça n'est pas bien difficile, mais ça n'est pas bien amusant non plus ; n'est-ce pas, Bijoute ? » dit Hélène en s'adressant à sa poupée.

Et, un peu mortifiée de la façon dont on avait accueilli son explication, elle quitta sa chaise, ainsi que Bijoute, Artémise et Zelmaïde, la princesse indienne, et, toutes quatre, elles allèrent se réfugier devant le tiroir aux chiffons.

III

« Il me reste à vous apprendre, repris-je, comment la forêt de Végétalia devint, avec le temps, une sorte de jardin fruitier d'acclimatation, et mérita ce beau nom de Verger historique. Je passe par-dessus les *groseilliers* de différentes espèces, les *cassis*, qui sont aussi des groseilliers, les *noise-tiers*, les *framboisiers*, les *néfliers*, pour arriver à des sujets d'une autre importance. Parlons du *prunier* d'abord.

« Nous devons les premières prunes à un brave chevalier français, qui, après avoir, durant les grandes guerres qu'on appela les croisades, conquis un royaume sur les Turcs, détrôné et chassé par eux, ne conserva de toutes ses richesses

Groseillier.

que deux petits pruniers, l'un de Damas, l'autre de Sainte-Catherine, avec lesquels il rentra en France, tenant chacun d'eux dans un pot et sous son bras, ce qui devait lui donner l'air plutôt d'un garçon jardinier que d'un ci-devant roi.

« Les prunes, du reste, durent beaucoup aux têtes couronnées ; je n'en citerai pour exemple que la femme de notre roi François premier, qui fit venir de loin, et à grands frais, ces délicieuses prunes auxquelles elle donna son nom de *reine-claude*. Le *figuier*, nous le devons à un sultan du

Maroc ; le *mûrier*, aux soins qu'a pris le roi Louis XI de le multiplier pour la nourriture des vers à soie ; le *pistachier*, nous le devons à un empereur romain ; le *cerisier*, à un autre Romain, qui n'était que général, il est vrai, et qui, lui aussi, alla le conquérir en Orient dans un pays appelé *Cérasonte*, ou plutôt, je le crois, *Cérisonte*.

— Bon papa, dit Émilie, puisque nous voilà aux cerises,

Néflier.

dis-nous donc l'histoire que tu nous as racontée si souvent, tu sais... *les petits Enfants blancs !* Zéphirine la connaît ; mais Minette, la poupée de Marie D..., désire l'entendre.

— Mais, repartit Marie D... avec sa bonne grâce ordinaire, je crois que je l'entendrai moi-même avec plus de plaisir encore que Minette, vu que ma poupée, soit dit entre nous, est un peu sourde.

— Moi, je réponds que mon polichinelle Pharamond n'en perdra pas un mot ! dit Adolphe : *les Enfants blancs !* les *Enfants blancs !...*

—Oui, oui, *les Enfants blancs !* » répéta-t-on de tous côtés.

Devant une pareille manifestation, je dus me rendre.

IV

« Sachez-le, mes amis, au commencement du dix-septième siècle, les cerises étaient très-rares en Allemagne, mais très-rares, très-rares. Une maladie s'était jetée sur les fruits rouges, et en avait fait périr la plus grande partie. Cependant un riche habitant d'Hambourg, nommé Wolf, dans un grand jardin situé au milieu de la ville, était parvenu à rassembler les plus belles espèces de cerises connues, et à les préserver de tout malheur; aussi les vendait-il ce qu'il voulait, au poids de l'or; c'est même ce qui avait fait sa fortune.

« Ses cerisiers étaient en fleur et promettaient une abondante récolte, lorsque arriva une grande guerre. Cernés, assiégés par leurs ennemis, les pauvres habitants d'Hambourg furent bientôt réduits à la disette la plus affreuse, et le général qui les assiégeait ne voulait entendre à rien, ayant juré de détruire la ville de fond en comble, et de passer tous les habitants au fil de l'épée, mêmes les femmes et les enfants, ce qui est affreux.

—Ah ! oui !... murmurèrent tristement quelques douces voix. Ma bonne Émilie, quoiqu'elle connût l'histoire de longue date, avait déjà les larmes aux yeux.

—Mais, continuai-je, si dans la ville on mourait de faim, parmi les assiégeants on mourait de soif, la chaleur ayant tari tous les ruisseaux et toutes les sources.

« Or, un matin que Wolf, le propriétaire des cerisiers, rentrait chez lui après avoir passé une semaine entière sans se débotter, s'étant battu nuit et jour, il trouva toutes ses cerises en pleine maturité, superbes, regorgeant d'un jus écarlate qui vous désaltérait rien qu'en les regardant.

Cerisier.

« Une idée lui vint à l'esprit, une idée noble et généreuse, mes enfants, car il songeait à préserver son pays de sa ruine en se ruinant lui-même, en sacrifiant ces cerises qu'il aimait tant, dont il était si fier et qui l'avaient fait riche.

« Il n'y avait pas un moment à perdre ; encore vingt-quatre heures, et pas un habitant d'Hambourg n'aurait eu la force de se tenir debout. Il assembla tous les enfants de la ville, au nombre de plus de trois cents, les fit vêtir de blanc de la tête aux pieds, comme si c'eût été d'un enterrement qu'il s'agissait ; il remit alors à chacun une longue branche chargée de cerises, et dans cet attirail les envoya au général ennemi.

« Lorsque celui-ci vit de loin s'avancer ce cortége, à moitié caché sous ses rameaux, il soupçonna une ruse de guerre. Quand on vint lui annoncer que les enfants de la ville d'Hambourg, ayant appris qu'il souffrait de la soif, lui apportaient des cerises pour le désaltérer, il crut à une moquerie ; et comme il était cruel et emporté de sa nature, songeant à son serment, il ordonna qu'ils fussent tous massacrés sur l'heure et sous ses yeux.

« Mais quand il vit de près ces pauvres petits, si pâles, si maigres, si exténués par le besoin, comme il était père, il ne put se défendre d'un commencement de pitié, et bientôt après il se mit à fondre en larmes.

« Le soir, les petits porteurs de cerises rentraient dans la ville, accompagnés de nombreux chariots remplis de provisions. Le lendemain, la paix était signée.

« Tous les ans, en mémoire de cette aventure, on célèbre encore à Hambourg une fête appelée : LA FÊTE DES CERISES, et où les enfants de la ville, vêtus de blanc, vont parcourant les rues avec des rameaux verts, auxquels chacun s'empresse d'attacher des bouquets de cerises ; seulement, aujourd'hui, les enfants blancs gardent les cerises pour eux. »

V

Adolphe lui-même, le tapageur Adolphe, était d'un sérieux à faire peur, et Fernand, à force de me prêter attention, en

Il assembla tous les enfants de la ville, au nombre de plus de trois cents. (Page 78.)

avait complétement oublié son zouave, qui, perdant l'équi-
libre, pendait maintenant entre ses genoux, la tête en bas,
les pieds en l'air.

« Allons, allons, dis-je, mes amis, essuyons nos yeux et
retournons à notre verger, où les beaux fruits et les bons
fruits vont abonder de plus en plus.

VI

« Après les rois, les reines, les sultans et les empereurs,

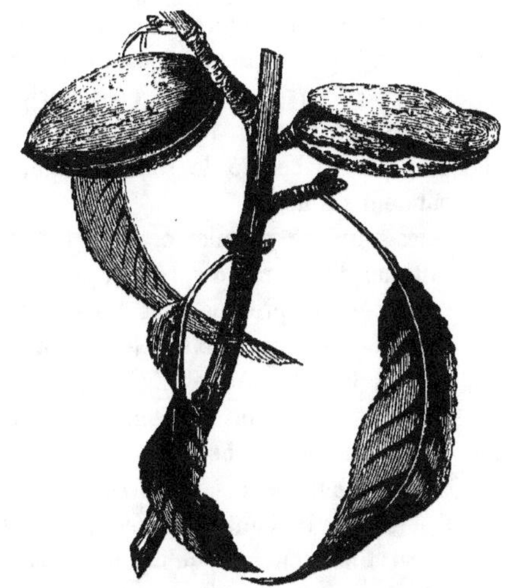

Amandier.

sont venus les voyageurs, les savants botanistes, et, parmi
eux, ce fut à qui implanterait un nouvel arbre. Celui-ci
apporta le *pêcher*, rencontré par lui dans un canton de la
Perse; celui-là, l'*abricotier;* un autre l'*amandier*, deux arbres
frileux nés en Arménie, un des royaumes de l'Orient.

A l'Orient encore, un quatrième emprunta l'*olivier*, aujourd'hui une des richesses de nos provinces du Midi, et qui nous fournit de si bonne huile. Puis, un Portugais, qui revenait des Indes, nous fit don de l'*oranger à fruits doux*.

VII

« Avant que don Juan de Castro (c'est le nom de notre Portugais) nous eût donné son délicieux oranger, qui, malheureusement, ne vient en pleine terre, chez nous, que dans certains cantons de la Provence, nous en possédions un déjà, oui, mais un *oranger à fruits amers*, qui a son mérite aussi. Ses fruits sont détestables au goût, c'est vrai, mais il charme la vue et l'odorat par la beauté de son feuillage, par le parfum que répandent ses fleurs.

« Eh bien ! mes amis, ce premier oranger qu'ait vu la France, il a continué d'y vivre, d'y résider depuis quatre cents ans ; il est le père de presque tous les orangers que vous voyez décorer nos jardins publics, le Luxembourg et les Tuileries, durant la belle saison. En commençant par François Ier, tous nos souverains ont tenu à honneur de loger dans leur palais ce patriarche des arbres d'agrément : Henri IV a gravé son chiffre sur son écorce ; Louis XIV ne voulait pas qu'on employât d'autres fleurs que les siennes pour composer certaine conserve qu'il aimait beaucoup ; Napoléon lui faisait visite au moins une fois l'an, et, par respect pour son grand âge, ne l'abordait que le chapeau à la main.

« Si vous voulez lui faire visite à votre tour, mes amis, il loge pour le moment à l'orangerie de Versailles, et se nomme LE GRAND-CONNÉTABLE ; vous le trouverez là, dans sa caisse,

gaillard et bien portant, et se promettant de vivre quatre
cents ans encore !

VIII

« Notre causerie serait incomplète si je la terminais en
vous laissant cette croyance que les rois, les reines, les
voyageurs et les savants ont seuls enrichi le verger de Végétalia ; les jardiniers, sur le compte desquels nous aurons à
revenir, y ont bien été pour quelque chose, et même pour
beaucoup.

« Par la culture, par des semis habilement combinés, que
n'ont-ils pas obtenu ? Ils ont obtenu l'ornement et la merveille de notre dessert, ces poires et ces pommes de tant et
de si belles espèces ! Et les noix ? quelles noix mes enfants !

« Autrefois, quand elles nous arrivèrent de l'Orient, bien
avant les prunes, les pêches et les abricots, les noix étaient
grosses comme mon pouce ; aujourd'hui il y en a de plus
grosses que mon poing, si bien que de leur coque on a pu
faire des boîtes à gants, des nécessaires complets pour les
jeunes filles, car....

— Oui, oui, dit Émilie, j'ai une belle noix où l'on trouve
une paire de ciseaux, un dé à coudre, un étui, du fil, et...

— Moi, interrompit à son tour Adolphe, j'adore les noix ;
je ferais un bon déjeuner rien qu'avec des noix, du pain et
un verre de coco.

— Ah ! il parle toujours de coco, celui-là ! dit Louisette V.... non moins espiègle qu'Adolphe lui-même ; il faut
l'appeler M. Coco.

— Oui, monsieur Coco ! — Monsieur Coco !... » crièrent-
ils tous en se levant et en quittant la salle d'étude, sans me
laisser même achever ma phrase commencée.

CHAPITRE VII

I

Aujourd'hui 28 novembre, je donnai à mes élèves plutôt une régalade qu'une leçon.

Comme notre séance allait s'ouvrir, un homme barbu, aux larges épaules, vêtu d'une veste de velours, coiffé d'une casquette à queue de renard, entra, en se dandinant, dans la classe.

D'où venait-il? que voulait-il? Personne ne le savait que moi, et Émilie, peut-être. Aussi, grand étonnement de la part des répétitrices et des gouverneurs, étonnement que notre homme barbu sembla partager lui-même, tant il s'attendait peu à se trouver au milieu de pareille assemblée. Il ouvrait de grands yeux en regardant les polichinelles, de plus grands encore en regardant les poupées, n'osait avancer dans la crainte d'écraser un pierrot ou un pantin; enfin, il fit quelques pas, adressa un signe de tête amical au zouave, puis s'arrêta stupéfait devant la Vergnate :

« Tiens, dit-il, foilà une payse! oui, bien, fichtra! Je la
« reconnais à son vestement et au petit felours noir de son

« petit chapeau de paille !.... Bonchour, payse ; comment que
« cha va ?.... pas mal ?.... Tant mieux, fichtra ! »

Après avoir donné une poignée de main à la Vergnate,
passant devant Minette, Bijoute et Zéphirine, nos poupées
aux grands airs, il ôta respectueusement sa casquette, et vint
déposer sur ma table deux sacs de papier d'où s'échappait
une vapeur appétissante.

Aussitôt au milieu d'un joyeux murmure, de la banquette
de droite aux chaises de gauche circulèrent les mots de
marrons et *châtaignes*.

II

Lorsque l'Auvergnat fut parti :

« Chers élèves, dans notre dernière leçon je vous ai entretenus du verger de Végétalia et de ses accroissements suc-
cessifs ; je croyais y avoir fait figurer tous les arbres fruitiers
acclimatés en France ; mais hier ma chère Émilie, entendant ce brave homme qui vient de sortir crier : *marrons
boulus, marrons rôtis*, me fit observer que dans ma liste des
fruits, les marrons et les châtaignes avaient été complète-
ment oubliés. Pour réparer mon oubli, je mets à votre disposition ces deux sacs.... Un instant ! ajoutai-je en répri-
mant d'un geste la levée en masse de la banquette, il faut
auparavant qu'un de vous me nomme l'arbre qui produit la
châtaigne.

— C'est le châtaignier ! répondirent à la fois répétiteurs et
répétitrices.

— Très-bien ! mes amis, très-bien ! Et celui qui produit
le *marron* ?

— Ah ! bon papa chéri, tu veux rire, dit Hélène ; l'arbre
qui produit le marron.... »

Adolphe ne lui donna pas le temps d'achever.
« C'est le marronnier !
— J'allais le dire ! s'écria Fernand.

Châtaignier.

— Et tu allais très-mal dire, mon garçon, lui répliquai-je.
Ma gentille Marie, je vous donne la parole. Il me semble

que vous avez la bonne réponse sur le bord de vos lèvres.

— Dame! répondit Marie d'un air embarrassé, qui n'était qu'un effet de sa modestie, je ne connais d'autre marronnier

Marronnier d'Inde.

que le *marronnier d'Inde*, un bel arbre qui ne ressemble pas au châtaignier du tout.... ses fleurs sont superbes; mais ses fruits, qu'en peut-on faire?

— On en fait des têtes de Turc! interrompit Adolphe.

— Donc, les autres fruits, qu'on nomme ordinairement marrons parce que leur forme, leur grosseur, les font ressembler aux marrons d'Inde, reprit Marie, ne sont que des châtaignes, de grosses châtaignes.

— Parfaitement répondu, mon enfant. Comme témoignage de ma satisfaction, je vous nomme répétitrice de première classe, et maintenant, chargez-vous de faire la distribution de ces châtaignes bouillies, ainsi que de ces châtaignes rôties, qui n'en garderont pas moins leur nom de *marrons* consacré par l'usage. »

III

Tandis que Marie D.... procédait à la distribution, je racontai comment le châtaignier, venu chez nous du même pays et presque en même temps que la vigne, s'était, pour ainsi dire, fait son humble serviteur.

« Qui de vous, mes amis, se rappelle une ancienne marionnette qui, sous le nom de JEAN DES VIGNES, apparaît encore parfois sur les tréteaux des escamoteurs en plein vent?

« C'est un bonhomme de bois, qui, placé sur le haut d'un petit escalier, en descend tout seul en tournant sur lui-même.

« Eh bien, le Jean des Vignes, ce petit bonhomme ordinairement fait d'un bois de châtaignier, c'est le châtaignier lui-même qu'il représente, à ce qu'assurent les plus vieux vignerons.

« Ainsi, le bois du châtaignier, sec et serré, résistant à l'humidité, on en a fabriqué des *lattes* et des *échalas;* les échalas servent à soutenir le cep de vigne en pleine terre; les

Jean des Vignes.

lattes, à composer des treillages le long desquels il peut, en plein soleil, s'étaler en espalier.

« De ce même bois du châtaignier on fait d'excellents tonneaux, où le vin, non-seulement se conserve, mais s'améliore. Notre brave Jean des Vignes fournit encore à sa grande amie la vigne les planches et les poutres du *pressoir*. Il ne s'arrête pas là! De quoi sont composés les *cerceaux* qui relient entre elles les douves et en font un tonneau, sinon des jeunes branches, souples et solides, du châtaignier?

« Ainsi, échalas, treillages, tonneaux, pressoir ou cerceaux, notre petit Jean fournit tout, et, après avoir, pendant le cours de son existence, accompagné, soutenu, contenu la vigne, il la suit jusqu'au bout, c'est-à-dire jusque dans la cave, où il descend avec elle de marche en marche, en faisant la cabriole sur lui-même, à la manière des tonneaux. Donc l'histoire de Jean des Vignes, c'est l'histoire du châtaignier.

« Vit-on jamais, dites-moi, un serviteur plus fidèle et plus dévoué?

— Vive Jean des Vignes! » cria Adolphe.

IV

L'arrivée de l'homme barbu, ses marrons *boulus* ou *rôtis*, l'histoire de Jean des Vignes, avaient fortement entamé le temps consacré à la séance; le quart d'heure qui nous restait fut employé à faire une Devinette.

CHAPITRE VIII

I

A la suite du verger, c'est-à-dire des arbres à fruits, notre nouvel entretien devait avoir naturellement pour objet les autres arbres, ceux qui ne portent pas de fruits, de fruits mangeables du moins. J'avais à peine annoncé le sujet de la causerie, qu'une voix s'éleva, celle de Fernand.

« T'oncle, si ceux-là ne donnent pas de fruits bons à manger, à quoi peuvent-ils servir ? à rien.

— A rien, c'est être un peu sévère, lui répondis-je, d'un air à lui laisser croire que je n'étais pas trop éloigné de penser comme lui. Voyons, réfléchissons avant de les déclarer tous des *bons à rien*. D'abord, ils donnent de l'ombre; dans l'été, par un grand soleil, c'est quelque chose.

— Si ce n'est que cela, dit Émilie en riant, j'aime mieux un parasol ou une ombrelle.

— C'est plus commode à emporter et à mettre sous le bras qu'un peuplier ou un tilleul, dit Adolphe.

— Je le reconnais, répondis-je; cependant, ces mêmes

arbres que nous dédaignons, le *peuplier*, le *tilleul*, le *syco-more*, c'est de leur bois qu'on fait des jouets pour les enfants; il y a aussi le *buis*, arbre précieux, dont on se sert pour la fabrication d'une foule de petits objets à votre usage, des bonbonnières, des étuis...

— Et des toupies! interrompit Adolphe.

— J'allais le dire! ne manqua pas d'ajouter Fernand.

— Et des toupies, repris-je; Adolphe a raison. Fernand aussi, puisqu'il allait le dire. Reconnaissons-le donc, le peuplier, le sycomore et le buis ne sont pas des arbres tout à fait inutiles; quant aux autres, je les abandonne... Cependant, comme je pourrais en avoir oublié, et des meilleurs, ainsi que j'ai déjà fait du châtaignier, mon digne suppléant Maurice est allé à leur recherche. (*Signes d'étonnement parmi mes auditeurs.*) Et s'il ne nous apporte les arbres entiers, peut-être parviendra-t-il du moins à en mettre sous nos yeux quelques échantillons. »

II

En ce moment, Maurice, à qui j'avais, au début de la séance, glissé un mot à l'oreille, rentrait, portant entre ses bras un mobilier de poupée au grand complet, commode, armoire, table, toilette, canapé, chaises, fauteuils, et une foule d'autres objets, mesurant, pour la plupart, de six à huit pouces de hauteur ou de largeur.

Il déposa le tout sur ma table, au milieu des exclamations de surprise des gouverneurs et des répétitrices.

A ces exclamations se mêlèrent bien quelques murmures d'Émilie et d'Hélène, réclamant contre cette saisie de meubles, peut-être un peu hardie; mais, sans m'y arrêter, montrant le premier objet venu qui me tomba sous la main :

III

Chers élèves, dis-je, ce joli chiffonnier qui, je crois, appartient à votre camarade, mademoiselle Bijoute...

— Non, bon papa ; il est à Zéphirine, se hâta de me faire observer Émilie.

— A Zéphirine ? très-bien. Mais, ma bonne Lili, pourrais-tu nous dire de quel bois il est fait ?

— En bois d'acajou, me répliqua Émilie ; Zéphirine n'aime que celui-là.

— Et qu'est-ce que l'*acajou* ? d'où le fait-on venir ?

— On le fait venir de chez le marchand de meubles, me répliqua-t-elle un peu étourdiment ; il y a un marchand de meubles de poupées que bonne maman connaît bien, va !

— Je n'en doute pas. Cependant, l'acajou ne pousse pas chez le marchand de meubles de Zéphirine ; il est Américain de naissance, autant que je puis me le rappeler.

« Du reste, mes amis, c'est un arbre curieux, original, un solitaire, un sauvage, car il fuit la société des autres arbres, et, par une bizarrerie de sa nature, il préférera un terrain sec et pierreux à un bon terrain. Que le vent pousse sa graine dans la fente d'un rocher, sur un rivage aride, brûlé par le soleil, elle y germera, et l'arbre ne s'y développera que plus rapidement. Vrai, c'est à croire que cet original-là ne se nourrit que de l'air du ciel et des brouillards de la mer.

— Si c'est là sa seule nourriture, il fera bien de ne pas m'inviter à dîner, dit Adolphe, qui décidément s'était chargé d'égayer nos séances ; quel drôle de corps que ce monsieur l'Acajou !

— Ce drôle de corps, continuai-je, quand on l'a abattu et fait sécher, on le découpe, au moyen de la scie, en lames très-fines qu'on applique sur les meubles, après avoir, au moyen d'un vernis, fait ressortir ces couleurs vives et claires que l'acajou garde dans sa jeunesse. Plus tard, il passe au rouge foncé ; il s'assombrit en vieillissant, ainsi qu'il arrive trop souvent aux hommes, ce qui est un tort chez eux. La bonne humeur convient à tous les âges.

« Monsieur l'Acajou, comme l'appelle Adolphe, n'est donc pas tout à fait un arbre inutile, puisque c'est à lui que le chiffonnier de Zéphirine doit son éclat.

— C'est juste, dit Louisette V.....; allons, passe pour l'acajou !

— Parlons un peu d'un autre arbre qui s'est posé comme son rival et essaye de le remplacer. »

IV

Parmi les meubles nains qui encombraient ma table, je pris alors un piano à queue, de la grandeur de ma main, et qui montraient sa longue rangée de dents d'ivoire, comme pour faire la grimace à l'assemblée.

« Chers élèves, ce piano a sa boîte et ses pieds en bois de *palissandre*.

« Monsieur le Palissandre, mes amis, est presque aussi singulier dans son genre que monsieur l'Acajou. D'abord, on ne sait rien de son pays ni de son vrai nom. On ne connaît pas d'arbre qui se nomme *palissandre* ; celui-ci est donc un beau mystérieux, un prince déguisé, comme on en voit dans les contes ; mais quand le gens se font connaître à nous par leurs bonnes qualités, on peut les accueillir sans leur demander leur acte de naissance et leur extrait de baptême.

« C'est le cas du palissandre ; il sent bon, et sa belle couleur violette charme les yeux : cela doit nous suffire. »

V

Tour à tour ainsi je passai en revue, grâce à de petits objets de toutes sortes, meubles ou bimbelots, et le *bois d'ébène*, d'un si beau noir, et le *bois de cèdre*, rouge comme un vieil

Cèdre.

acajou et le *bois de sandal*, moins renommé encore par sa couleur d'un jaune pâle que par l'odeur pénétrante qu'il répand, et qui ne ressemble à nulle autre.

Je dus faire circuler parmi messieurs les polichinelles et mesdemoiselles de la gauche un étuis de bois de sandal, afin qu'ils fussent à même d'apprécier la force et la suavité de son parfum. Ce parfum rappela sans doute à Zelmaïde, la princesse indienne, l'arbre de son pays ; car, à partir de ce moment, elle tint sa tête mélancoliquement penchée, et son grand bonnet à la cauchoise abaissé sur ses yeux.

J'examinais alors une pendule colifichet, où le *bois de rose* et le *bois de citron* se mariaient ensemble autour d'un cadran de carton doré.

« Lili, dis-je en m'adressant à l'aînée de mes petites-filles, d'où vient le bois de rose ? »

Elle parut surprise de ma question.

« Est-ce que le bois de rose n'est pas le bois du rosier ? me répondit-elle.

— Non mon enfant, mais un bois qui sent légèrement la rose : de là son nom. Il est fourni par une plante grimpante, une sorte de grand liseron-arbuste qu'on rencontre dans des îles lointaines. Son histoire est à peu près celle du *bois de citron*, qui ne doit son nom qu'à sa couleur, et qu'on tire de certains arbres, d'espèces tout à fait différentes. Je ne vois plus maintenant d'autres bois...

— Et le bois de réglisse ! dit Adolphe avec exclamation.

— Ah ! monsieur Coco ! monsieur Coco ! cria-t-on de toutes parts. — On venait de parler de citron, voilà le bois de réglisse qui vient ! — Ce monsieur Coco ne pense qu'à sa tisane ! »

VI

Je laissai passer les cris joyeux et les éclats de rire qui y firent suite, puis m'adressant à l'interrupteur :

« Jeune homme, d'abord le *bois de réglisse* est une racine et non un bois proprement dit ; cependant, merci, Adolphe, de votre interruption. Votre prétendu bois de réglisse me remet en mémoire certains produits végétaux moins agréables au goût, peut-être, mais qui ne sont pas à dédaigner non plus: Voyons, mes amis, examinons ensemble quelles autres parties des arbres, outre le bois, peuvent être utilisées. Et d'abord commençons par l'*écorce*.

« Dans le midi de la France, mes amis, nous possédons un arbre dont l'écorce, épaisse et légère à la fois, nous rend les plus grands services. Aussi, certains hommes n'ont-ils d'autre occupation que de la détacher par plaques, qu'ils transportent dans les ateliers, où on les nettoie, où on les découpe. C'est l'objet d'un grand commerce. Cet arbre est le *chêne-liége*. Avec le liége on fait des bouchons de bouteilles, des ceintures pour les nageurs inexpérimentés, des ruches d'abeilles.

— Et des colliers de chat, dit bébé Hélène; madame Lestrigon, notre portière, a mis un collier de bouchons à sa chatte qui est malade.

— Vous entendez, mes enfants; si la chatte de madame Lestrigon guérit, elle le devra à l'écorce du chêne-liége ! J'avoue que je ne crois pas beaucoup aux bouchons employés comme médicament; mais pour guérir la fièvre, je crois au *quinquina*, qui est une écorce aussi; de même, pour parfumer les liqueurs, les compotes, les conserves de fruits, je crois à la *cannelle*, écorce du *cannellier*, un laurier qui ne vient qu'aux Indes. Puisque nous en sommes aux choses de ménage, je puis vous citer encore l'*écorce de bouleau*, dont on fait les cordes à puits. »

VII

En ce moment je tenais à la main une petite balle qui avait été comprise dans la saisie générale.

Chênes-liéges. — Récolte du liége.

« Pardonnez, mes amis, je voulais vous citer encore parmi les produits des arbres étrangers, le *poivre*, que vous connaissez... de vue seulement ; la *noix muscade*, le fruit du muscadier ; le *clou de girofle*, dont les cuisinières se servent parfois pour parfumer les ragoûts, et qui n'est autre que le bouton de la belle fleur rose du *giroflier*, un des arbres les plus magnifiques de l'Asie ; mais je me sens tout distrait par la vue de cette balle qui se trouve là, sous ma main, je ne sais comment.

— Mais, t'oncle, dit Fernand, c'est ma balle de caoutchouc !

— *Caoutchouc* ! voilà un mot baroque ! Qu'est-ce que cela ? demandai-je comme si je revenais de la lune.

— Tiens ! bon papa chéri, qui sait tout, dit bébé Hélène ne sait pas ce que c'est que le caoutchouc !

— Dis-le moi, mon enfant ; je le répète, j'ai la mémoire toute brouillée en ce moment.

— Le caoutchouc, reprit Hélène avec une pleine assurance, c'est du cuir !

— Non, mon enfant, ça ne peut être du cuir. Qu'est-ce donc ? »

Personne ne répondant, Maurice mit une main dans son gilet, prit une pose majestueuse et dit :

« Le caoutchouc est le nom qu'on donne à la *gomme élastique*.

— Merci, Maurice ; mais je ne suis pas plus avancé qu'auparavant. Qu'est-ce que la gomme élastique ? d'où nous vient-elle ? qui la produit ? Je l'ai su... je l'ai oublié... Ah ! ma pauvre mémoire s'en va !...

— Je le sais, moi ! s'écria Fernand, qui depuis un instant tenait un doigt appuyé sur son front ; oui, t'oncle, je le sais !... ou du moins j'ai vu quelque part les arbres qui produisent la gomme élastique.

— Quoi ! garçon tu as donc visité les Indes ou l'Amérique ?... Quand je déclarais Fernand un grand voyageur, avais-je tort, mes amis? Il a été en Amérique !

— En Amérique, non, dit Fernand ; ou plutôt, oui ; j'y ai été sans y aller... Dans une grande image que m'a montrée mon oncle Henri... Ah ! la belle image !... Ça représentait une forêt... avec des arbres, de beaux arbres... Ce qui m'étonna surtout, c'est qu'il y avait là des hommes, en petite jaquette, presque nus... avec la figure toute noire... et ces nègres, avec un grand couteau, fendaient l'écorce des beaux arbres, non pour l'enlever par grandes plaques, comme faisaient les hommes des chênes-liéges, mais parce que de ces fentes coulait une eau blanche qu'ils recevaient dans des écuelles... Je croyais que c'était pour la boire... mon oncle m'a dit que c'était pour faire de la gomme élastique. Je sais que mon oncle Henri est savant et qu'il ne ment jamais, je l'ai cru ; mais c'est égal, je ne comprends pas encore quel rapport a la gomme élastique avec cette eau blanche. »

J'adressai à mon cher Fernand les compliments qu'il méritait pour le bon parti qu'il savait tirer des images. Les images nous font entrer l'instruction par les yeux, et les yeux, chez les enfants, sont souvent plus attentifs que les oreilles.

VIII

La mémoire de Fernand ayant réveillé la mienne, je lui expliquai alors qu'à la surface de ce liquide blanchâtre plutôt que blanc, recueilli dans des vases de bois, ou de terre, on ne tardait pas à voir monter, par petites parcelles, une sorte de glu ou de résine semblable à de la gelée de groseilles blanches. Cette glu, cette résine, cette gelée, c'est le *caout-chouc* ou *gomme élastique.*

Autrefois, quand on l'avait recueilli et préparé, ce caoutchouc, continuai-je en m'adressant à tous, on ne s'en servait
guère que pour effacer les traces du crayon ; il tenait lieu de
mie de pain, voilà tout. Aujourd'hui, on en fabrique non-
seulement des balles, des ballons, mais on est parvenu à le
tisser comme le fil, à le mêler à nos étoffes, à nos vêtements,
où il devient un préservatif contre le froid ou contre la pluie ;
il se transforme aussi en semelles, en chaussures ; on en fait
des manteaux, on en fait des tabliers à l'usage des nourrices,
tabliers qui garantissent celles-ci de... comment dirai-je ?...
de l'humidité.

« Vous le voyez, chers amis, la sève même de certains
arbres se transforme à notre bénéfice. Que de gommes, que
de résines de toutes sortes ne produit-elle pas ? Je pourrais
vous citer la *gomme arabique*, qui découle d'une espèce
d'acacia ; la *gomme laque*, ce beau vernis de la Chine ;
l'*encens*, qui parfume nos églises ; la *térébenthine*, extraite
de l'arbre appelé térébinthe ; le *camphre*, qui garantit nos
vêtements des attaques de certains insectes ; le *goudron*, si
utile aux marins, à l'état liquide, et aux cordonniers, à l'état
solide, il prend alors le nom de poix. Est-ce tout ? non !
Et la *colophane* qui ravive l'archet de nos violonistes ; et la
sandaraque qui nous aide à réparer les bévues que nous faisons
dans nos pièces d'écriture ; et combien d'autres ! mais l'heure
avance, il est temps de nous séparer. D'ailleurs le feu s'est
éteint, le froid commence à se faire sentir.

— N'oncle, faut-il aller chercher du bois ? » me demanda
Maurice.

<h1 style="text-align:center">IX</h1>

Élèves, gouverneurs et répétitrices se disposaient à quitter
leur place.

« Attendez ! m'écriai-je aussitôt. Par oubli encore, sans un mot de Maurice, j'allais négliger de vous parler d'arbres dignes de toute notre reconnaissance.... Miséricorde ! que deviendrions-nous, l'hiver, si les *ormes*, les *charmes*, les *hêtres*, ne poussaient en quantité dans nos forêts pour alimenter nos poêles, nos cheminées et le feu de notre cuisine ?

— Il me semble, dit ma répétitrice de première classe, la gentille Marie, en m'adressant un regard presque de complicité, que ces mêmes arbres nous fournissent aussi les portes, les fenêtres, les cloisons, les parquets de nos chambres ?

— C'est vrai ! encore une chose importante que j'oubliais ! Bien plus, la charpente des maisons, les mâts des vaisseaux et les vaisseaux eux-mêmes, à qui les devons-nous ?

— Et les jeux de quilles ! dit Adolphe.

— Pour me résumer, ajoutai-je, de tant d'arbres, français ou étrangers, à la place de fruits mangeables, les uns nous donnent leurs écorces, leurs fleurs, leurs gommes, leurs résines, utilement employées par les cuisiniers, les médecins, les pharmaciens, les épiciers, et les confiseurs ; les autres, leur bois, plus précieux encore, puisqu'il fait vivre l'industrie des menuisiers, des charpentiers, des tourneurs, des ébénistes, des marchands de meubles, des constructeurs de vaisseaux, et celle des fabricants de joujoux !

« Reconnaissons-le donc, chers élèves, nous nous étions tous trompés, complétement trompés ! Ces arbres, soi-disant inutiles, soit-disant bons à rien, sont, en somme, les plus utiles, les plus indispensables de tous ! »

X

Et, comme je venais de lever définitivement la séance, j'entendis Adolphe dire à l'oreille de son polichinelle :

« Pharamond, je commence à croire que le maître, avec ses oublis et ses manques de mémoire, s'est un peu moqué de nous. N'importe, vive le bois ! Pharamond, tes jambes en sont faites ! »

CHAPITRE IX

I

J'avais résolu, cette fois, de donner à mes chers élèves quelques notions sur les fleurs, de les initier même aux éléments de la botanique. Je commençai par leur expliquer la *plante :* la plante se compose d'une ou plusieurs tiges, dont les feuilles sont les organes respiratoires, car elles attirent, pour les absorber, les particules de l'air, dont elles se nourissent, et même les rayons de la lumière, dont elles se colorent, ainsi que la fleur. La fleur, je détaillai ses différentes parties, et, pour procéder à mon enseignement avec l'objet sous les yeux, ainsi que j'avait fait jusqu'alors, je décidai Hélène à me livrer son fameux tiroir aux chiffons.

Là, au milieu de vieux rubans, de bandelettes de toutes sortes, fil, soie ou coton, et des débris de toilette, non-seulement des poupées, mais des petites mamans, et même des vraies mamans, je trouvai des fleurs.... des fleurs artificielles, il est vrai ; je m'en contentai ; elles pouvaient suffire à mes savantes démonstrations.

Les jeunes gouverneurs et les gentilles répétitrices s'étaient rapprochés et faisaient cercle autour de ma table.

II

A celles-ci et à ceux-là j'expliquai, preuves en main, comment la fleur se compose extérieurement d'un *calice* et d'une

Narcisse.

corolle ; le calice est cette petite rosette de feuilles fines et déliées, placée sous la fleur, et qui la soutient et l'emboîte ;

la corolle, cet assemblage de *pétales*, c'est-à-dire des *feuilles de la fleur*, selon l'expression ordinaire, et qui font sa beauté, sa décoration, de même qu'ils renferment ses parfums.

Anémone.

Puis, je leur montrai les *étamines* et les *pistils*, sortant du milieu de la corolle, avec leurs jolies pointes jaunes ou roses, et semblables eux-mêmes à un petit bouquet de fleurs né du sein d'une fleur. « Leur rôle, dis-je, est de renfermer, de protéger, de conduire à maturité les *graines* de la plante. » Mais de la plante, il est une partie importante que je ne pus leur faire voir, les *racines;* les fleurs artificielles n'en ont pas.

Néanmoins, je leur en indiquai l'emploi. L'emploi des

Giroflée.

racines est de pomper les sucs et l'humidité de la terre au moyen de petites éponges dont elles sont pourvues, et de contribuer par là, avec les feuilles, à la formation de la séve.

III

Après avoir montré encore à mes élèves quelques *ané-mones,* quelques *renoncules,* des *narcisses.* des *giroflées,* des

bluets, des *coquelicots*, restés au fond du tiroir, et en assez
fâcheux état : « Mes amis, leur dis-je, parmi les fleurs des

Renoncule âcre.

1 et 2. Tiges et racines.— 3. Coupe de la fleur. — 4. Pétale. — 5. Étamine. — 6. Fleur mère
dépouillée de ses pétales et en voie de maturité.— 7. Fruit. — 8. Fruit coupé, laissant voir
la graine.

champs les plus sauvages, combien ne craignent pas de se
rapprocher de nous ? Ce sont celles surtout qui peuvent nous
porter secours dans nos maladies, dans nos souffrances ;

ainsi la *pariétaire*, là *mauve*, la *violette*, la *bourrache*, viennent d'elles-mêmes se placer sous notre main, autour de nos
habitations, jusque sur nos murs, et entre les pavés de nos

Pariétaires.

1. Tige.   2. Racine. — 3. Bouton de la fleur. — 4. Intérieur du bouton. — 5. Étamine. —
6. Corolle de la fleur. — 7 et 8. Pistils. — 9 et 10. Graines.

cours. Nous parlons de jardins, mais les jardins, Dieu les a
semés partout ! Aimons donc les fleurs, puisqu'elles nous
aiment ; les fleurs rappellent à l'homme sa première origine ;

nos premiers parents sont nés dans un jardin, et la plante
la plus humble nous parle du paradis. Oui, aimons les fleurs :
c'est un signe fâcheux que de ne pas les aimer ; n'en mé-

Mauve sylvestre avec ses détails.

prisons aucune, pas même les fleurs artificielles ; n'est-ce
pas à ces mêmes fleurs artificielles, un peu fanées, un peu
passées de couleur cependant, que je dois aujourd'hui, en
plein mois de décembre, de vous donner quelques notions de
botanique et de jardinage ?

IV

« Cependant, repris-je d'un ton plus grave, et après un instant de repos, s'il est des plantes favorables à notre santé, je ne puis vous le laisser ignorer, il en est d'autres dont vous ne sauriez trop vous défier.

Violette.

« Dans un jardin, même dans vos promenades, chers enfants, gardez-vous bien de toucher à une plante inconnue, de la porter à vos lèvres, d'en mordiller les feuilles, comme il arrive parfois à de jeunes imprudents.

« La *ciguë* ressemble au *persil*, et la ciguë est un poison ;

« Le *liseron des haies* est un vomitif ;

« L'*aristoloche*, avec ses grandes pipes turques ;

8

« L'*aconit*, avec ses belles fleurs bleues en forme de casque ;

« Le *colchique*, qui, vers l'automne, émaille les prés de ses jolies fleurs, semblables à des tulipes violettes ;

« Le *bouton d'or*, d'un si brillant éclat au soleil;

« L'*euphorbe réveil-matin*, qui, sa tige rompue, donne une liqueur blanche qu'on croirait être du lait ; et la *digitale*, avec ses belles fleurs pourprées, si commune dans nos bois ; et la *belladone*, avec ses fruits trompeurs qu'on prendrait pour des cerises; poisons! poisons! poisons! défiez-vous !

« Le *laurier-rose* lui-même, ce charmant arbuste, et le *laurier-amande*, dont la cuisinière parfume ses sauces...... qu'elle s'en défie à son tour; qu'elle s'en défie comme des *champignons :* ce sont aussi des empoisonneurs !

« Hâtons-nous de le dire, dans ces poisons les médecins ont trouvé des remèdes puissants. Rien de complétement fatal ne peut sortir des mains de Dieu. »

V

Après avoir ainsi parlé des fleurs bienfaisantes et des fleurs dangereuses à propos du jardin, je crus ne devoir pas oublier le jardinier et essayer de faire comprendre en quelques mots ce grand art de la culture, ainsi que je l'avais déjà annoncé dans une de nos causeries précédentes.

Je dis comment, avec une fleur simple, à quatre ou cinq pétales, le jardinier habile parvient, par des semis dans une terre bien préparée, par des engrais habilement calculés, par une nourriture surabondante, à forcer les pistils et les étamines à changer de forme et de couleur, à s'élargir, à se métamorphoser en pétales enfin, en pétales qui vont s'ajouter à ceux qui déjà composaient la corolle.

Tel est le secret des *fleurs doubles*. Ainsi la rose sauvage,
l'*églantine* de nos buissons, grâce à l'art du jardinier, est

Rose sauvage, ou églantine.
Fleur coupée, montrant ses étamines. — Pistil. — Formation du fruit.
Fruit suspendu au calice.

devenue la *rose à cent feuilles*, et, de simple campagnarde
qu'elle était, a mérité d'être proclamée la reine des fleurs.

« C'est, ajoutai-je en souriant, le contraire de ce qu'a fait
Hélène à l'égard de sa Zelmaïde : elle a changé une princesse
indienne en paysane cauchoise. »

On regarda Hélène, on regarda Zelmaïde ; on rit, on applaudit, tout allait bien.

Rose double.

VI

Qui l'eût jamais pensé ? cette séance, si heureusement commencée, allait se terminer par un orage, par un scandale ! Et ce devait être Émilie, ma bonne, ma chère

Émilie, qui allait donner à tous l'exemple de l'insubordi-
nation !......

Promenant mon regard de droite à gauche, je m'aperçus
que Zéphirine ne figurait point parmi ses compagnes. Surpris de son absence, j'en demandai la raison à Émilie :

« Bon papa, me répondit-elle, je ne l'ai point amenée
parce que c'est aujourd'hui sa fête de naissance, et que les
jours de fête on ne va pas à l'école.

— Ma fille, lui répondis-je, j'ai la prétention de professer
ici un cours d'études récréatives, et il n'y a point de fête qui
exempte d'y assister. Va chercher Zéphirine. »

Lili baissa la tête, mais ne fit pas un mouvement.

« Mademoiselle, repris-je, faites ce que je vous dis; je
l'exige. »

Elle ne bougea pas de place.

Ma dignité de professeur était compromise. Il fallait un
châtiment exemplaire. Mais ce châtiment, le bon papa voulait l'épargner à Émilie.

J'ordonnai à mon suppléant d'aller chercher Zéphirine,
ce qu'il s'empressa de faire, non sans adresser un regard
moqueur à sa cousine.

Toute l'école était dans l'attente.

Quand Zéphirine me fut amenée, j'avais préparé déjà
deux longs cornets de papier, que, résolûment, sans pitié,
je lui implantai sur la tête, de l'air le plus sérieux qu'il me
fut possible de prendre.

C'était le bonnet d'âne?

Toutes les poupées, par un mouvement unanime, avaient
fait volte-face sur elles-mêmes, comme pour n'être pas
témoins de la honte de leur compagne; Émilie, prenant
pour elle l'humiliation imposée à sa favorite, se mit à pleurer; en voyant pleurer sa sœur, bébé Hélène poussa les hauts
cris, et je l'entendis répéter à plusieurs reprises : « Ma pauvre sœur ! Non, je n'aime plus bon papa chéri !... »

Ce n'était pas seulement une résistance, c'était une révolte !

Ma position devenait embarrassante. Pour me donner un maintien, je repris ma leçon où je l'avais laissée

VII

Je parlai de la *greffe*, curieuse opération qui consiste à faire vivre une plante sur une autre plante, à enlever un petit bourgeon à celle-ci et à le glisser sous l'écorce de celle-là.

« Par ce moyen si simple, dis-je, un arbuste sauvageon, poussé dans les bois, au milieu des broussailles, pourra désormais donner les plus beaux fruits ou les plus belles fleurs : il prendra de l'importance, se croira un arbre du plus haut mérite, occupera une place d'honneur dans le jardin, et, cependant, mes amis, sans le petit bourgeon, dont il n'aura été après tout que le père nourricier, à quoi eût-il été bon ? à jeter aux fagots ! »

Après la greffe, j'expliquai la *taille*. Par la *taille*, en dégageant l'arbre de ses rameaux inutiles, on le force à reporter sa séve sur son produit essentiel, le fruit.

« La *taille des arbres*, dis-je, une des plus grandes et des plus utiles découvertes qui aient été faites en culture, semble être une révélation du ciel. Est-ce donc à un dieu que nous le devons ? Non !..... Est-ce à Végétalia elle-même ? Non, encore non ! Est-ce à un homme, enfin ? Non, toujours non !... Nous la devons... devinez à qui ? Je vous le donne en cent ! »

Émilie et Hélène s'étaient calmées ; l'attention était revenue. Je repris :

« Dans les temps anciens, un baudet s'étant introduit

premier inventeur de la taille des arbres. (Page 118.)

dans un verger, avait brouté à même sur la vigne, sur les pommiers et les poiriers. Le propriétaire du verger et du baudet commença par bâtonner sévèrement celui-ci, mais, à la saison d'automne, remarquant que les arbres auxquels son âne avait mordu, ceux qu'il avait *taillés* à coups de dents, portaient des fruits plus abondants et plus beaux que tous les autres, il lui fit ses excuses et profita de la leçon.

« C'est ainsi, mes amis, que cette grande découverte de la taille des arbres ne fut due ni à un dieu ni à homme, mais à un âne ! »

VIII

Par ce fait curieux autant qu'historique, je comptais, je l'avoue, ramener le sourire sur toutes les figures ; il n'en fut rien. L'*âne* rappelait le *bonnet d'âne* ; tandis que je racontais mon histoire, messieurs les gouverneurs regardaient Zéphirine et son double cornet en ricanant ; mesdemoiselles les répétitrices ne semblaient préoccupées que du soin de consoler Émilie, qui pleurait de plus belle ; bébé Hélène renouvelait sa déclaration de ne plus aimer son bon papa chéri ; personne ne m'écoutait ; les éclats de rire et les gémissements se croisaient de gauche à droite et de droite à gauche.

Une certaine irritation me prit ; il me montait à la tête des résolutions violentes de congédier mes élèves, de fermer mon école à tout jamais.... Par bonheur, je pris un parti plus raisonnable.

Je levai la séance.

CHAPITRE X

I

En y réfléchissant, mon dépit contre mes élèves n'avait pas tardé à se tourner en colère contre moi-même.

Zéphirine avait-elle donc mérité le bonnet d'âne parce que sa petite maman avait cru convenable de lui accorder un congé? Je m'étais rendu coupable d'une injustice ; je me la reprochais ; on ne doit jamais être injuste, même envers une poupée.

Je me promis bien de profiter de la première occasion pour réparer mes torts.

Le moment venu, la séance ouverte, je rappelai aux élèves qu'au nom de Végétalia, je les avais déjà entretenus des plantes champêtres et des plantes forestières, du verger, du jardin ; nécessairement le tour du potager était venu ; le potager, c'est-à-dire des herbes potagères, les légumes, les salades, les choux, les carottes, les navets, les concombres et les potirons.

Sans avoir eu à courir les halles ou les marchands de comestibles, j'étais muni de tout le nécessaire. Seulement, pour ne pas encombrer ma table, j'avais mis mon potager au fond de ma poche et mon mouchoir par-dessus.

C'était un mystère entre mon confiseur et moi.

II

« Chers élèves, dis-je, la plupart des plantes potagères, pas plus que les autres, ne sont une production naturelle de nos climats ; le croiriez-vous si je ne vous l'affirmais, les *oignons*, les *pois*, les *fèves*, les *lentilles*, si communs chez nous aujourd'hui, nous sont venus de l'Orient, comme tant d'autres bonnes choses ; les *radis* sont nés chinois, et ne voulaient être croqués que par les Chinois... »

Et, tout en parlant, je fouillais dans ma poche, et j'étalais sur ma table des

Le haricot d'Alexandre le Grand.

pois secs, des fèves, des lentilles, de jolis radis roses, afin de parler à leur regard en même temps qu'à leur intelligence. Mais leur regard s'arrêtait négligemment sur mes légumes, et leur intelligence n'en était pas encore arrivée à apprécier leur substance comme elle méritait de l'être.

« Si, pour le verger, mes amis, dans une de nos leçons précédentes, je vous ai montré les rois, les reines, les empereurs, nous apportant des prunes, des poires, des pêches et des pistaches, je puis, pour le potager, vous citer des jardiniers plus illustres encore.

« Alexandre le Grand, dont vous avez entendu parler sans doute, dans sa guerre de l'Inde, conquit le *haricot*, et ce fut sa plus belle conquête, celle du moins qui a été la plus profitable au monde.

Le melon de César.

« Un autre guerrier fameux, César, rencontra en Arménie, toujours du côté de l'Orient, le *melon ;* il y goûta, le trouva délicieux, et le cultiva de ses propres mains dans ses jardins de Rome.

D'autres illustres jardiniers, rois, savants ou voyageurs, enrichirent à leur tour le potager. L'un découvrit en Afrique le *concombre* et l'*artichaut ;* un autre Africain introduisit en France le *chou vert* et le *chou rouge*... même le lapin !... le lapin avait suivit le chou. »

III

Et je continuais mon même mouvement; ma main allait
et venait, de ma poche à ma table et de ma table à ma
poche, et chaque objet nommé par moi était presque aussitôt

Le chou.

représenté sous les yeux de mes gouverneurs et de mes répétitrices, qui toujours gardaient leur calme, même devant le
haricot d'Alexandre le Grand; mais quand ils aperçurent
le melon de César, gros comme une noix, et un concombre
long comme la moitié du doigt, alors ils ouvrirent des yeux
démesurés, et sur la banquette et sur les chaises régna une
grande agitation :

« C'est en carton, disaient les uns.

— Légumes de poupées, » murmuraient les autres.

Puis, au milieu de la rumeur, une petite voix joyeuse s'éleva :

« C'est en sucre ! Ah ! bon papa chéri, je le devine parce que tu tournes la bouche comme lorsque tu te retiens de rire !

— Eh bien, oui, mes amis, c'est en sucre ; mais en sucre de betterave ! la *betterave*, elle aussi, appartient au potager. »

Et toutes les figures étaient redevenues rayonnantes, tout

Lapins.

mon petit monde remuait, parlait, m'apostrophait à la fois.

Ah ! maître. — Ah ! bon papa. — Ah ! t'oncle ! — Ah ! monsieur ! — Ça doit être bien bon vos haricots ! — Les jolies carottes ! elles sont en sucre de pomme ! — Et le chou rouge en sucre d'orge ! — Je parie que le melon de César n'a pas de pepins ; n'est-ce pas, monsieur ? »

Par un dernier mouvement de va-et-vient, j'atteignis le fond de ma poche et j'en tirai une pomme de terre, deux pommes de terre, trois pommes de terre ! toutes trois de grosseur naturelle, et j'ordonnai à Maurice, mon suppléant, de les faire passer de main en main, ce qui souleva dans la

Un matin, Walter Raleigh fumait un cigare. (Page 129.)

classe un nouveau mouvement de joie, bien vite réprimé.

Mes pommes de terre étaient de vraies pommes de terre....
crues ! Mon confiseur n'ayant pu m'en procurer, c'était à
ma cuisinière que je m'étais tout simplement adressé cette
fois.

« Chers élèves, repris-je, les navets, les poireaux, les carottes, sont dignes d'estime ; les choux, les artichauts, les
melons, sont inappréciables pour les amateurs. Cependant
la *pomme de terre* les dépasse encore en mérite ! et penser
que pendant si longtemps elle est restée inconnue et méprisée !

— Comment, bon papa, est-ce qu'on n'a pas toujours
mangé des pommes de terre ! me dit Émilie.

— Bien s'en faut, ma fille ; elle n'était guère connue que
de certaines peuplades de l'Amérique, lorsqu'un Anglais,
un grand marin, un grand seigneur, vers la fin du seizième
siècle, l'apporta avec le tabac, à Londres, où tous deux firent
d'abord grand bruit.

C'est là une double histoire qu'il est bon de vous faire
connaître, mes amis, aussi n'attendrai-je pas que vous me
la demandiez. »

IV

« Un matin, Walter Raleigh, l'Anglais en question fumait
un cigare, mauvaise habitude qu'il avait contractée en Amérique, chez les sauvages, lorsqu'un de ses domestiques, nou-
vellement à son service, entra dans sa chambre. Ce domestique, voyant une fumée épaisse sortir de la bouche de son
maître, crut que celui-ci avait pris feu, et, courant au pot à
l'eau, il lui en inonda la figure afin d'éteindre au plus vite
cet incendie d'un nouveau genre.

« L'affaire du pot à l'eau jeté à la figure d'un amiral anglais, d'un favori de la reine, par un valet trop zélé, fut bientôt le sujet de toutes les conversations à Londres. Walter Raleigh était un des hommes les plus à la mode; les jeunes gens à la mode crurent devoir adopter sa manière de s'incendier. Ils se mirent à fumer à son exemple.

« D'un autre côté, la pomme de terre était présentée par Walter Raleigh à la reine comme un produit alimentaire ca-

Pomme de terre.

pable de remplacer le pain, qui, trop souvent, manquait dans le royaume. La reine se hâta de l'adopter, et, pour la mettre en vogue au plus vite, elle en fit servir sur sa table un jour où elle avait à dîner les premiers seigneurs de sa cour et les ambassadeurs de France et d'Espagne. Tous les convives en mangèrent tant et si bien que, avant la fin du repas, en dépit de l'étiquette, la reine était restée seule à table, et messieurs les ambassadeurs, en retournant dans leur pays, y répandaient cette idée fâcheuse que, si la pomme de terre n'était pas un poison, elle pouvait du moins passer pour un violent purgatif. »

V

« Tels furent les débuts de la pomme de terre, bien diffe-
rents de ceux du tabac. Le tabac, en dépit de sa nature

Tabac de Virginie.

malfaisante et de l'infection qu'il répandait, on en raffola
sur-le-champ à la cour, puis à la ville, puis partout.

« Quant à la pauvre pomme de terre, ah ! mes enfants, plaignons-la ! Méprisée, dédaignée, même des plus affamés, elle fut jugée bonne à donner aux pourceaux ; et pendant

Tabac.

1. Rameau de fleur. — 2. Fleur coupée, — 3. Capsule de la graine encore dans le calice.

près de deux cents ans les pourceaux eux seuls profitèrent de la découverte de Walter Raleigh. »

VI

« Mais, ce long temps passé, il se trouva en France un brave homme qui avait dans le cœur l'amour des plantes potagères. Il prit la pomme de terre sous sa protection, comme avait fait autrefois la grande reine Élisabeth d'Angleterre ; mais il se garda bien de suivre son exemple. Avant de la donner à manger à ses amis, il commença par en manger lui-même.

« Sans mériter ce nom affreux de purgatif, elle laissait dans la bouche un goût âcre et déplaisant. Il pensa qu'en la cultivant de certaine façon, avec un certain soin, ce goût disparaîtrait. Il essaya ; il réussit.

« Cependant, l'opinion publique s'obstinait à tenir rigueur à la pomme de terre. En vain, grâce à son éducateur, elle était devenue inoffensive, d'une saveur agréable, succulente, bonne à tout, à cuire sous la cendre, ou dans l'eau, ou dans le beurre, à être servie en ragoût ou en friture, personne n'y voulait goûter, et, quand notre homme vantait les vertus de sa protégée, on lui riait au nez ou on lui tournait le dos.

« Par bonheur, le roi Louis XVI, qui était un brave homme aussi, entendit parler de la plante ; il en mangea ; elle lui plut ; il l'adopta à son tour ; il porta à sa boutonnière la fleur de cette bienfaitrice méconnue ; on n'osa pas lui rire au nez, à lui ; quelques-uns se risquèrent ; puis, quelques autres. Pour forcer les Parisiens à faire connaissance avec elle, on sema de pommes de terre la plaine de Grenelle et la plaine des Sablons ; elle se montra dans les halles, dans les marchés, dans les rues, pénétra enfin dans les cuisines ; et, dès qu'on en vint à comprendre, par expérience, que, le blé, venant à manquer, la pomme de terre, selon la prédiction de Walter Raleigh, suffirait à empêcher la famine, alors on la proclama la Reine des Potagers, comme la rose avait été proclamée la Reine des Jardins.

« Aujourd'hui la France vient de dresser une statue à ce héros, à cet apôtre de l'agriculture, qui a tant fait pour la pomme de terre. On le nommait Parmentier. Retenez ce nom, chers enfants; c'est celui d'un des bienfaiteurs de l'humanité.

— Vive Parmentier! vivent les pommes de terre! cria Adolphe.

— Frites! surtout frites! » ajouta Louisette V...

VII

« Chers élèves, je ne prolongerai pas plus longtemps cette leçon; je comprends votre impatience de la voir finir. Je vous dirai maintenant que la *tomate* vient du Mexique, la *capucine* du Pérou, l'*épinard* du nord de l'Asie; je ne ferai qu'appuyer sur cette même idée, que la plus grande partie de nos richesses végétales, pour le potager comme pour le verger, pour les arbres comme pour les fleurs, nous la devons à ceux qui nous ont devancés. Conservons donc avec reconnaissance la mémoire de nos pères, ou plutôt de nos grands, grands-papas. Les grands-papas sont parfois bons à quelque chose.

— Vivent les grands-papas! entonna toute la classe.

— Vive bon papa chéri! « dit bébé Hélène en venant se jeter dans mes bras.

Je me sentis ému, plus que je ne saurais le dire, de ce témoignage de tendresse de la chère enfant. Néanmoins, pour rester dans l'exacte vérité, je dois déclarer ici que ce beau mouvement n'était pas aussi désintéressé que je l'avais supposé d'abord. Tout en m'embrassant, Hélène fouillait dans ma poche; elle en retirait le melon de César, les haricots d'Alexandre, les concombres, les choux, les divers légumes en sucre que, prudemment, j'y avais fait rentrer, pour éviter les distractions pendant la classe. Mais je lui fis

déposer le tout dans deux cornets de papier, que j'offris
ensuite à Zéphirine.

Capucine cultivée.

Ces cornets de papier avaient été les oreilles de son bonnet
d'âne.

Ma conscience était désormais tranquille ; je venais de lui
faire amende honorable.

CHAPITRE XI

I

Je dois le dire, en dépit de la révolte d'un jour, mon école prospérait. Quelques *nouveaux* avaient pris place sur la banquette ou sur les chaises. Parmi ces *nouveaux*, il est vrai, je dois compter ma femme et ma fille, qui venaient parfois assister à la fin de nos séances; parfois aussi, sans attendre qu'il y fût invité, un autre habitant de la maison, moins important, moins respectable, entrait brusquement sans s'être fait annoncer, et allait sans façon s'asseoir sur les genoux d'Hélène ou d'Émilie. C'était notre chat *Ronron* (ainsi l'avaient surnommé mes petites-filles), un matou très-intelligent, mais à qui je n'aurais pas soupçonné du goût pour l'histoire naturelle.

A mes leçons un autre personnage assistait assez souvent, sans oser se montrer toutefois: c'était ma cuisinière, la vieille Scolastique. Son mari est mon jardinier; et comme il demeure nécessairement durant l'hiver à la campagne, tandis qu'elle reste à la ville, elle prenait plaisir, la brave et digne femme, à m'entendre discourir sur les fleurs et sur les légumes; il lui semblait, quand je parlais du jardin, que j'allais parler du jardinier, de son cher Guillaume. Aussi, se dissimulant de son mieux derrière la porte entre-bâillée, elle écoutait de toutes ses oreilles, se croyant bien à l'abri du regard ; mais, pour constater sa présence, il me suffisait de voir, à travers l'entre-bâillement de la porte, flotter quelques boucles de cette magnifique chevelure d'un blond ardent qui lui avait valu ce beau surnom de *Scolastique la rousse.*

J'avais été indulgent pour le chat ; à plus forte raison devais-je l'être pour ma vieille servante, qui avait vu grandir ma fille et mes petites-filles ! Je fermais donc les yeux de son côté, je laissais la porte entr'ouverte, et, plus d'une fois, à l'ouverture de cette porte, je vis apparaître d'autres chevelures que celle de Scolastique. Je n'oserais affirmer que notre concierge elle-même, madame Lestrigon, n'ait jamais figuré parmi ces écouteuses du dehors.

C'est ainsi que le nombre de mes auditeurs allait en s'augmentant. L'amour de la botanique s'était emparé de toute la maison ; on causait botanique dans la cuisine et dans l'antichambre, même dans la loge de la portière ; à chaque séance, mes gouverneurs ou mes répétitrices m'apportaient des fleurs, même des fleurs artificielles, dont le plus souvent j'étais fort embarrassé de leur dire le nom. Émilie ne dessinait plus que des fleurs ; bébé Hélène plantait des dragées, et je la laissais faire, trop heureux de voir chez cette chère enfant se développer le goût des plantes et de la plantation. La plantation, ne dût-elle, plus tard, donner pour tout produit qu'un éclat de rire, c'était toujours un résultat, et un bon.

II

En famille, dans l'intervalle de nos séances, je ne perdais pas une occasion de revenir sur quelques détails de la leçon précédente, ou même sur certains végétaux importants, oubliés par moi, ou que je n'avais pas trouvé moyen de mettre à leur place durant nos rapides entretiens de la classe.

Ainsi, cette foule de plantes qui servent à la teinture des étoffes : le *réséda des champs* (la *gaude*), qui teint en jaune ; le *pastel* et l'*indigo*, qui teignent en bleu ; la *garance*, qui teint en rouge, et le *bois de Campêche*, qui peut teindre tour à tour en rouge et en noir, furent le sujet d'un de nos entretiens.

III

Un matin, en déjeunant, l'occasion vint naturellement de leur parler de trois autres substances végétales, très-importantes aussi, et dont une éveilla surtout leur attention. Ma femme prenait son café ; moi, mon thé ; Émilie et Hélène, leur chocolat :

« Qu'est-ce que le thé, bon papa ? c'est une tisane, n'est-ce pas ?

— Le thé, ma fille, c'est la feuille d'un arbuste….

— Ah ! bon papa chéri, tu veux rire ! Ça n'a pas beaucoup l'air de la feuille d'un arbre, ces petits brins secs et tortillés que tu mets dans ta théière.

— Chère enfant, c'est que, à la Chine et au Japon, où l'on cultive essentiellement le thé, on a soin de ne nous envoyer ses feuilles qu'après les avoir roulées et desséchées sur des plaques de fer passées au feu, ce qui les rend d'une plus facile conservation. Tu comprends ?

— Oui, dit Émilie, c'est comme pour le café, qu'on fait rôtir aussi.

— Non pour le même motif, mon enfant. Si l'on grille légèrement le grain de café, ce n'est pas pour le sécher, mais

pour en dégager l'huile parfumée qu'il renferme, et qui lui
donne tout son prix. Au surplus, le thé et le café ont entre
eux bien des rapports. La feuille de l'un , comme la graine
de l'autre, provient d'un arbuste qui ne pousse que dans des

Garance.

pays éloignés ; à tous deux on ne demande que leur parfum,
leur *arome*, c'est le mot, car on nomme *plantes aromatiques*
toutes celles qui sentent bon autrement que par leurs fleurs ;
tous deux encore, après avoir subi l'action du feu, doivent
subir l'action de l'eau bouillante : et, à vrai dire, bébé Hélène
avait raison, ce ne sont que des infusions, des tisanes, mais

ces tisanes-là ne conviennent généralement qu'aux gens qui se portent bien.

— Nous nous portons bien, ma sœur et moi, me dit Hélène; pourquoi ne nous donne-t-on pas du thé ou du café au lieu de chocolat?

— Le chocolat convient mieux aux enfants. »

Cacaoyer.

Hélène sembla réfléchir un instant :

« Avec quoi fait-on le chocolat, bon papa chéri?

— Avec le fruit de certain arbre.

— Il y a donc un arbre qu'on nomme le *chocolatier?*

— Le chocolatier, chère petite, dis-je en souriant et en l'embrassant, c'est le marchand de chocolat, celui qui le vend, qui le fabrique. A la fabrication du chocolat, mes enfants, concourent le plus souvent deux plantes. Avant tout, on y emploie le fruit du *cacaoyer.* Cet arbre américain, d'une taille moyenne, donne de longues *cosses*, semblables pour la forme à celles de nos haricots ou de nos fèves, mais beaucoup plus grosses; dans ces cosses sont rangées des amandes de couleur violette : c'est le *cacao*. Ce cacao, on le broie, on l'écrase sous des meules de pierre; quand il est réduit à l'état de pâte, on le mélange de sucre et de vanille.

— Nous connaissons bien la vanille, bon papa, dit Émilie. C'est long, c'est noir, et ça sent très-bon.

— Justement. Eh bien, la *vanille* est le fruit du *vanillier*, un arbre grimpant qui pousse dans les mêmes pays que le sucre et le cacao, et ce sont ces trois plantes réunies, venues de bien loin, dont on fait des tablettes, et qui composent votre déjeuner de tous les jours.

— Oh ? on n'en fait pas que des tablettes, dit Hélène d'un air entendu ; on en fait aussi des pastilles, des pralines et de petits pots de crème. » Et, s'adressant à son chat, alors en train de lécher le fond de sa tasse : « C'est bien bon, le chocolat, n'est-ce pas, Ronron ? »

. . . .

IV

Hier, vingt-quatre décembre, il m'est arrivé encore de donner en famille une de ces leçons improvisées, que les circonstances d'une veille de Noël vinrent animer quelque peu.

Fernand et Maurice, en l'honneur du réveillon, avaient dîné chez moi avec leurs cousines. Le soir, Marie D..., Louisette V..., et quelques gouverneurs et répétitrices étaient venus.

Sous la direction de ma fille et de ma femme, on organisait une devinette; moi, dans un coin de la cheminée, les pieds au feu, mon journal à la main, je dormais en faisant semblant de lire, quand la porte ouverte et fermée à grand fracas me réveilla en sursaut au milieu de mon rêve.

L'esprit encore troublé, les yeux à peine ouverts, je vis devant moi deux yeux flamboyants, une crinière rouge.... je crus voir le diable.... le diable, qui me présentait un bouquet de fleurs.

C'était Scolastique. De la part de son cher Guillaume elle m'apportait une grosse touffe des seules fleurs, qui, durant l'hiver, pouvaient encore s'épanouir dans mon jardin.

« Ah ! qu'elles sont jolies ! s'écria la gentille Marie, qui avait suivi le bouquet dans sa traversée du salon : elles ressemblent à des tulipes blanches et roses, » ajouta-t-elle en m'interrogeant du regard.

Après m'être frotté les yeux à plusieurs reprises : « Mon enfant, lui répondis-je, ce ne sont point des tulipes ; ce ne sont point des roses non plus, et cependant on nomme la plante *Rose de Noël.*

— Et pourquoi la nomme-t-on ainsi ?

— Parce qu'elle vient vers l'époque de Noël ; peut-être aussi parce qu'elle rappelle un conte bien touchant que j'ai lu autrefois. »

A ce mot de conte, la devinette s'interrompit brusquement ; bébé Hélène et sa sœur s'étaient déjà, sans façon, campées sur mes genoux. Je n'étais plus le professeur, j'étais le bon papa. Les autres faisaient cercle autour de mon fauteuil. J'avais eu le temps de me réveiller tout à fait.

Voici le conte.

V

« C'était en Allemagne ; en Allemagne, mes bons amis, la veille de Noël est le jour des étrennes pour les enfants ;

Un autre enfant s'approcha de l'orphelin. (Page 145.)

c'est le petit Noël qui, au lieu de descendre par les cheminées, comme chez nous, va les leur porter, suspendues aux
rameaux d'un petit arbre vert, l'arbre de Noël, arbre merveilleux dont je ne vous ai pas encore parlé, et dont les fruits
sont des joujoux, des gâteaux et des bougies.

« Partout, durant cette heureuse soirée, les maisons se
remplissent d'un bruit joyeux ; les fenêtres brillent de lu-
mières, comme si le soleil, qui ne se montre plus dans le ciel,
était entré au dedans des habitations ; partout les tables se
couvrent de mets choisis, de dragées, de confitures ; partout on chante, on rit, on s'embrasse ; c'est la fête de tous
les enfants, par conséquent celle de toutes les familles.

« Et dans l'enfoncement obscur d'une porte cependant,
un pauvre orphelin, accroupi sur le pavé, s'abritant du mieux
qu'il pouvait dans ses haillons, frissonnait de froid et de
faim ; car il neigeait, et toute cette journée de fête n'avait été
pour lui qu'un long jeûne. Qui eût pris soin de lui ? sa mère
était morte.

« En l'entendant pleurer, un autre enfant s'approcha de
l'orphelin.

« Pauvre petit, lui dit-il d'une voix semblable à celle des
« anges, te voilà seul, affamé, grelottant, quand toutes les
« familles se réunissent devant un bon feu, devant une bonne
« table ; eh bien, cesse de pleurer, console-toi, nous allons
« faire la Noël ensemble. »

« Malgré sa voix si douce, l'orphelin ne croyait guère à
son dire, et pleurait toujours ; mais celui qui venait de lui
parler c'était l'enfant Jésus, le petit Noël lui-même ; et il
toucha du doigt les haillons de l'orphelin, qui aussitôt se
changèrent en de bons vêtements épais ; et la neige cessa de
tomber, et l'air devint tiède au point qu'on se serait cru
dans une belle nuit d'été ; et du milieu des pavés sortit un
arbre de Noël, chargé de lanternes de couleur et de frian-
dises de toutes espèces.

« L'enfant but et mangea, en souriant à son jeune compagnon ; mais, en souriant, il pleurait encore, car il pensait à sa mère.

Rose de Noël.

« Le petit Noël, qui lisait dans sa pensée, lui répéta : Console-toi, tu la reverras, tu vas la revoir ! »

« Puis, de nouveau il le toucha du doigt, et l'enfant revit sa mère; il revit tous ceux-là qu'il avait aimés.... Il était bien heureux ! Pour lui donner ce bonheur, le petit Noël l'avait fait mourir, et avait emporté son âme dans le ciel.

Pâquerette.

« Le lendemain, près du corps du pauvre orphelin, et sortant de dessous la neige, à la place qu'avait occupée l'Enfant Jésus, s'épanouissait une belle plante aux feuilles longues et découpées : c'était la Rose de Noël. »

VI

Toutes les paupières étaient humides autour de moi.

Passiflore.

Émilie et bébé Hélène avaient couru embrasser leur mère :
« Qu'il est bon, l'Enfant Jésus, disait Émilie, les yeux

pleins de larmes, qu'il est bon d'avoir emporté l'âme du pauvre petit ! Sa mère ne le quittera plus maintenant ! »

Pour mettre fin à cette émotion, je parlai à mes jeunes visiteurs des autres plantes, qui elles aussi, ont attaché leur nom à une des époques religieuses de l'année ; et la *Pâquerette*, la fleur de *Pâques ;* et la *Passiflore*, dans le calice de laquelle on croit retrouver la forme des instruments de la *Passion ;* je fis ressortir le rôle que jouaient les plantes, les fleurs dans les cérémonies des *Rogations*, du *dimanche des Rameaux*, de la *Fête-Dieu*, et de tant d'autres fêtes de l'Église.

VII

Un instant après, toute ma troupe légère, réunie dans un coin du salon, comme une bande d'oiseaux jaseurs, bavardait vivement et à voix basse, en poussant des éclats de rire.

Je voyais des allées et des venues, dont je ne comprenais pas le sens ; on sortait, on rentrait, puis les rires de recommencer.

De quoi s'agissait-il? Je ne le sus qu'une heure plus tard.

Tout le monde parti, quand je regagnai ma chambre à coucher, stupéfait, j'aperçus autour de mon garde-feu une multitude de souliers, grands, moyens et petits, alignés sur trois rangs devant ma cheminée. Il y avait là non-seulement les souliers d'Émilie, d'Hélène et de Fernand, ce qui allait de soi-même, mais aussi les souliers mignons de Bijoute, de Zéphirine, de Zelmaïde, de Pistache, de Calembredaine, de Cocotte, de Frivolette, de la Vergnate, et jusqu'aux petits sabots de messieurs les polichinelles.

Bien mieux ? au dernier rang, formant l'arrière-garde, je vis de grandes galoches, de grandes pantoufles, appartenant sans doute à Scolastique et aux autres bonnes de la maison ; peut-être madame Lestrigon elle-même avait-elle fourni son lot dans cette exposition complète, universelle, de chaussures de toutes les formes, de toutes les grandeurs.

Il fallait que ma petite bande de conspirateurs eût fouillé toute la maison, de chambre en chambre, pour réunir une pareille collection.

Que me restait-il à faire ? à invoquer le petit Noël pour qu'il vînt à mon aide ; et c'est ce que je fis.

CHAPITRE XII

I

Comme l'année, notre cours de botanique touchait à sa fin.

« Chers élèves, dis-je en prenant la parole, nous allons aujourd'hui revenir à notre bonne Végétalia (mouvement de joie dans l'auditoire) ; je vais vous faire connaître quelques-unes de ses plus curieuses découvertes, de ses inventions les plus ingénieuses ; vous y verrez quels utiles enseignements on peut tirer des fleurs ; quels bon avis on peut recevoir des arbres. »

A cette annonce, le plus grand silence s'établit dans la classe ; on y aurait entendu une mouche voler, si à la fin de décembre il y avait encore des mouches.

« Végétalia, repris-je, n'était plus cette fillette ignorante de cent dix-huit ans que nous avons connue d'abord. Deve-nue industrieuse, non-seulement elle savait sur le bout de son doigt les plantes d'Orient et celles de l'Occident, mais son imagination s'était éveillée, et, sans avoir recours aux choses animales ou minérales, qui, vous vous le rappelez, lui restaient interdites, elle avait trouvé moyen de suppléer à tout.

« Ces instruments employés parmi nous pour indiquer les

Primevère.

heures de la journée, les changements de température, la marche des saisons, nos horloges, nos baromètres, nos calendriers enfin, elle les avait remplacés par des fleurs, rien que par des fleurs.

« Voulait-elle savoir dans quel mois de l'année elle se trouvait, elle regardait la terre autour d'elle. Les *perce-neige*,

les *primevères* naissantes lui annonçaient JANVIER; son regard
rencontrait-il l'*anémone hépatique* ou l'*anémone sylvie*, la
première lui disait FÉVRIER; la seconde lui disait MARS. Les
tulipes, les *pervenches*, les *lilas*, proclamaient la bienvenue

Pervenche.

d'AVRIL; le *muguet*, l'*iris* et la *pivoine*, celle de MAI; le *bluet*,
le *pied-d'alouette* et le *pavot*, celle de JUIN; ainsi de suite
jusqu'à ce que la fleur de Jésus, notre chère *rose de Noël*,
vint tout bas lui nommer DÉCEMBRE et l'avertir que la fin de
l'année était proche. »

II

« L'horloge de Végétalia valait son calendrier, car s'il est
des plantes qui fleurissent en de certains mois, il en est

Iris.

d'autres qui n'entrouvent quotidiennement leur corolle qu'à
un moment donné, toujours le même. En s'échelonnant,

elles peuvent ainsi marquer facilement les vingt-quatre heures
de la journée. Je pourrais vous les nommer ; à quoi bon ?
La plupart vous sont inconnues. Je me bornerai à vous en
citer quelques-unes des plus vulgaires.

Pivoine simple.

« Le matin, dès deux heures précises, fleurit le *salsifis
jaune ;*

« A quatre, le *liseron des haies ;*

« A cinq, le *pissenlit*, qui porte un vilain nom, mais sert à composer une excellente salade ;

« A huit, le *mouron*, le régal des serins ;

« A neuf, le *souci des champs ;*

« Deux heures après, une sorte de petit lis, qui justifie son surnom de *Notre-Dame d'onze heures ;*

« A cinq heures du soir s'éveille le *silène noctiflore ;*

« A sept, la *belle-de-nuit ;*

« A dix, le *liseron pourpre*, qui semble ne s'épanouir que pour les oiseaux et les papillons nocturnes ; d'autres cependant fleurissent encore après lui, et au moment indiqué.

« Enfin, à minuit, s'ouvre le magnifique *cactus*, avec ses grandes fleurs d'un rouge éclatant.

« Vous le voyez, mes amis, on peut savoir l'heure juste à la montre de Végétalia ! »

III

« Quant à son baromètre, il était des plus simples et des plus sûrs. La *sensitive*, ou même le *trèfle* de nos champs repliaient-ils leurs feuilles ; le *souci calendule*, ou la *carline des prés* refermaient-ils leurs fleurs, c'était signe de pluie ; leurs rameaux s'abaissaient-ils vers la terre, gare à l'orage !

« Certes, de pareilles découvertes ne pouvaient que faire un grand honneur à la plus jeune des trois filles de la Gigogne ; eh bien, elle alla plus loin encore !... Par les plantes, elle parvint à mesurer avec exactitude... Mais la chose mérite de vous être contée en détail ; je réclame toute votre attention, et j'engage Fernand et son zouave à ne pas trop s'abandonner au sommeil...

— J'allais le dire ! » murmura Fernand, sans ouvrir encore complétement les yeux.

On rit ; je continuai.

IV

« Un beau matin, il passa par la tête de notre amie Végétalia une idée folle, folle en apparence seulement, vous allez voir !

« Elle ordonna aux arbres, aux arbustes, aux végétaux de toutes les espèces, de lutter entre eux à la course.

« Le but était placé sur une haute montagne, couverte de neige à son sommet.

« Voilà d'abord nos gens bien étonnés et surtout bien embarrassés, cela se comprend.

« Forcée d'obéir à sa souveraine, d'y mettre tous ses efforts du moins, chaque plante tire, de son mieux, ses racines de terre, pour s'en servir comme de pieds, essaye de se mettre en marche, chancelle, trébuche, se relève, se raffermit en se servant de ses branches comme d'un balancier.

« Après une heure de cet exercice, l'habitude du mouvement leur était venue ; les concurrents étaient en ligne, disposant leurs feuilles le plus avantageusement possible pour s'aider du vent.

« Végétalia les passa en revue, donna le signal, et tous prirent leur élan.

« Il le faut bien avouer, plus d'un, déjà hors d'haleine, s'arrêta au pied de la montagne ; plus d'un aussi, après en avoir escaladé les parties inférieures, s'arrêta à son tour. Mais le nombre des lutteurs était grand encore, et c'était un beau spectacle que de les voir, se démenant, agitant leur feuillage, monter, monter, en se côtoyant, en se heurtant, en s'efforçant de dépasser leurs rivaux.

« Le *chêne* parvint d'abord assez haut pour donner à supposer qu'il allait devenir le roi des montagnes, comme il était déjà le roi des forêts ; mais, bientôt, saisi par le froid, qui va en s'augmentant toujours à mesure qu'on approche de la

région des neiges, il n'avança plus que lentement et en perdant de ses forces.

« Le *hêtre* le distança, et fut distancé à son tour par l'*if*
et le *sapin*, qui, venus du Nord, avaient moins que d'autres à
redouter la fâcheuse influence du froid.

« Il y eut un instant d'émotion générale ; ce fut quand on
vit les *bouleaux*, les *noisetiers*, les *saules*, atteindre les sapins,
grimper quelque temps sur une même ligne qu'eux et les
laisser enfin bien en arrière.

« La victoire semblait décidée ; mais saules, bouleaux et
noisetiers en furent pour leur fausse joie. Quelques instants
plus tard ils s'arrêtaient court ; leurs feuilles frissonnantes
tombaient d'elles-mêmes, et leurs tiges se roidissaient sous
une épaisse couche de givre.

« A qui donc devait revenir l'honneur de cette grande
journée ?... A qui, mes enfants ? Non à la plus fière. Non à
la plus robuste des plantes, mais à la plus modeste.

— Écoutez ! écoutez !

« Tandis que les arbres de haute et de moyenne taille
franchissaient ainsi, avec plus ou moins de succès, les pentes
de la montagne, de petits végétaux obscurs, sans attirer sur
eux l'attention, faisaient route de leur côté. Entre tous, une
fleurette, une *gentiane*, favorisée peut-être par quelque don
surnaturel, aborda la première le sommet de la montagne,
couvert de neiges et de glaces, et elle s'y implanta sur le
champ, et sa tige et ses feuilles, quelque peu froissées pendant cette rapide ascension, se redressèrent tout à coup, en
même temps que ses fleurs s'épanouirent.

« Elle seule sortait triomphante de cette grande lutte, de
cette grande course au clocher à laquelle Végétalia avait invité
tous les végétaux.

« On la surnomma alors la Fée des Neiges. Aujourd'hui,
que nous ne croyons plus guère aux fées, on la désigne simplement sous le nom de la *gentiane des glaciers.* »

C'était un beau spectacle que de les voir monter, monter. (Page 157.)

V

« Chose singulière ! mes amis, ces mêmes végétaux, arbres ou fleurs, engagés dans la lutte, n'ont pu, depuis ce temps, dépasser la ligne devant laquelle ils s'étaient alors arrêtés. Aujourd'hui encore, si le voyageur qui traverse les Alpes veut se rendre compte de l'élévation à laquelle il est parvenu, il n'a qu'à consulter le premier arbre qui s'offre à lui. Le chêne lui répondra : seize cents mètres ; le hêtre, dix-huit cents ; l'if ou le sapin, deux mille ; ainsi de suite, jusqu'à ce que ce même voyageur, transi de froid, grelottant, arrive devant la gentiane qui lui dira : « Compte trois mille mètres, « et redescends au plus vite ; nul être vivant ne résiste aux « rigueurs du terrible roi Hiver, à qui ces froides contrées « sont soumises ; nul, excepté moi, la Fée des Neiges ! »

« Toujours un conte cache une vérité ; la vérité de celui-ci c'est qu'ici-bas chaque plante, comme chaque animal, doit, pour vivre, se renfermer dans de certaines limites, tracées à son intention par le doigt invisible de la Providence. »

VI

« Ainsi, repris-je, non contente d'avoir créé un calendrier, un thermomètre, un baromètre empruntés aux plantes, par les plantes encore la fille de la grande Magicienne nous fournissait le moyen de mesurer la hauteur des montagnes, la profondeur des vallées ; mais sa tournée dans le monde durait depuis quelques siècles déjà. Malgré ses travaux, ses découvertes si curieuses, la pauvre petite (elle avait alors

sept cent trente-cinq ans et trois mois) commençait à éprou-
ver certain malaise dont elle ne se rendait pas bien compte.

« L'appétit lui faisait complétement défaut ; à la vue des
plus belles fleurs, des plus beaux arbres, des plus beaux fruits,
elle poussait comme des soupirs de regret.

« Qu'avait-elle donc, la pauvre enfant ?

« Ce qu'elle avait, je vais vous le dire. Elle avait le *ma.
du pays*. Le mal du pays, c'est l'ennui profond qu'on éprouve
lorsque, depuis longtemps, on vit séparé du lieu qui vous a vu
naître ; on en meurt parfois. Végétalia n'en pouvait mourir,
mais elle n'en pouvait guérir, elle, la souveraine de toutes
les plantes qui guérissent ! elle qui avait été assez puissante
pour faire courir les arbres !

« Alors, elle songea au retour, et se sentit à moitié
soulagée à l'idée seule de revoir ses vieilles forêts et ses
méchantes sœurs qu'elle aimait toujours.

« Elle se mit donc en route, heureuse de penser qu'elle
pouvait hâter le moment de la réconciliation, de la paix
définitive, en faisant part à ses sœurs de ses richesses ; car
elle rapportait avec elle une grande provision de blé, de
chanvre, de graines de toutes sortes. Il y avait là de quoi
changer complétement la face de leur pauvre terre natale,
si dépourvue de végétaux essentiels ; elle le croyait du moins. »

VII

« Aussi quelle n'est pas sa surprise ! En arrivant, elle
voit, à la place de ses forêts disparues, verdir des carrés de
chanvre, des champs de blé, et, à mi-côte, tournés vers le
soleil, des milliers de cep de vigne grimpant le long de leurs
échalas.

« Elle songe alors à la bonne petite Dame, aux trois talismans jetés aux buissons par son étourderie, et son cœur se remplit d'une nouvelle reconnaissance pour cette mystérieuse bienfaitrice.

« Autre surprise non moins grande ! Sur une colline, paissent des animaux inconnus ; elle les prend d'abord pour une bande de bêtes sauvages échappées de quelque forêt voisine. Mais aucun d'eux ne s'enfuit à son approche ; bien au contraire, les plus près d'elle, tendant la tête de son côté, semblent lui demander une caresse.

« C'était un troupeau de moutons.

« Des chèvres gambadent çà et là, sur la pointe des rochers ; une nombreuse et laide famille de porcs, établie plus bas, se roule à travers un marécage. Prise de dégoût et peut-être de peur, Végétalia détourne les yeux, et, dans un enfoncement de la colline, lui apparaissent d'autres animaux, de plus haute taille et d'une allure autrement fière. Leur large front est armé de cornes aiguës.

« Ce sont des bœufs, des vaches, le corps à moitié caché sous les hautes herbes.

« Puis, au bêlement des moutons et des chèvres, aux grognements des porcs, aux beuglements des bœufs et des vaches, répond tout à coup le chant du coq, auquel ne tarde pas à se mêler le roucoulement des pigeons et des tourterelles. »

VIII

« Interdite, Végétalia n'osait en croire ses yeux ni ses oreilles. Quelles étaient toutes ces bêtes étranges, qui paraissaient si peu faites pour vivre les unes près des autres ? d'où venaient-elles ? Durant ses voyages, elle en avait entrevu parfois d'à peu près semblables, mais dans des climats tout différents, et, d'ailleurs, si farouches, si indomptables....

« Et comme elle s'était arrêtée pensive, et s'abandonnant aux réflexions que ce spectacle lui inspirait, sur une des pentes de la montagne, des tourbillons de poussière, que le soleil semblait enflammer, s'élevèrent ; à travers ces tourbillons, elle crut distinguer un être bizarre, effrayant, tel qu'elle n'en avait jamais rencontré, même en Chine. Orné de deux têtes placées à distance, l'une au-dessus de l'autre, agitant deux longs bras en l'air tout en galopant sur quatre pieds, il se rapprochait d'elle de plus en plus, et saisie de surprise autant que d'effroi, Végétalia demeurait en place, immobile, lorsque le monstre, faisant entendre une voix humaine, l'appela trois fois par son nom.

« Un instant après, sa sœur Animalia, qui venait de descendre de cheval, était devant elle. Oui, mes amis, car le monstre aux deux têtes, aux deux bras accompagnés de quatre jambes, n'était autre que la seconde fille de la grande Magicienne, montée sur un bidet.

IX

« Chers élèves, dis-je alors, nous en avons fin avec notre bonne Végétalia ; ce que nous lui devons, vous le savez, ou peu s'en faut. Continuerons-nous l'histoire des trois sœurs ? Pour notre prochaine séance, vous plaît-il que nous fassions ensemble une visite dans les domaines d'Animalia ? »

Une immense acclamation de bon augure me répondit.

Décidément, tout mon petit monde avait pris goût à l'étude.

SECONDE PARTIE

SECONDE PARTIE

CHAPITRE I

I

Le jour de l'an, jour béni, qui dure une semaine entière pour les enfants et les écoliers, avait rempli de joie, de livres et de cadeaux toute la maison. On n'y pouvait faire un pas sans se heurter à une cuisine, à une laiterie, et même à un théâtre.

Hélène était occupée d'un trousseau complet que sa marraine lui avait donné pour Bijoute. Or, à ce trousseau, il y avait à refaire, à coudre et à découdre; et bébé Hélène, qui se piquait d'être devenue très-habile en couture, passait gravement sa journée une aiguille et des ciseaux à la main.

Fernand ne descendait plus de cheval; un superbe cheval de bois, presque aussi haut que lui; un cheval *vélocipède*, à roulettes, comme son mouton, et qu'il dirigeait au moyen d'une sorte de gouvernail mécanique.

Émilie, du matin au soir, assise devant son piano, tapotait, tapotait, avec plus de persévérance que de bien-joué,
essayant de déchiffrer de la musique nouvelle et facile, qui
ne lui semblait pas facile du tout.

Quant à Maurice, devenu Algérien, comme François le
zouave, il était en ce moment absorbé tout entier dans la

Lion.

lecture d'un magnifique volume sur l'Algérie, mon cadeau
du jour de l'an.

Au milieu de pareilles ardeurs, je me serais bien gardé
de leur dire un mot touchant les trois règnes de la Nature,
on le comprend.

II

Cependant, un soir, comme les deux cousines et les deux
cousins se tenaient dans le salon, auprès de leurs mères,

tous quatre ne sachant trop que faire de leur temps, je me
mis à examiner, avec un semblant de curiosité, les divers
animaux contenus dans l'*Arche de Noé*, ménagerie complète,
une des nombreuses étrennes de Fernand.

Ainsi que je l'avais prévu, le petit groupe ne tarda pas à
m'entourer, et bientôt les questions commencèrent, non à

Tigre.

propos des écureuils, des lièvres, des lapins, et autre menu
gibier de nos forêts; ils voulurent se renseigner tout d'abord
sur les animaux les plus redoutables, le *lion*, l'*ours*, l'*hyène*,
la *panthère*, le *tigre*. Ils me demandaient des histoires bien
terribles sur ces bêtes farouches et cruelles dont ils avaient
là, sous les yeux, l'image inoffensive, en bois taillé et colorié.

Les enfants, les hommes aussi, parfois, aiment volontiers à prendre peur au récit des dangers qu'ils n'ont point
à courir.

Ne voulant pas trop vite me poser en professeur, surtout au sujet d'animaux de cette espèce, qu'on ne risque guère de rencontrer dans la vie privée, je gardai le silence.

Maurice alors crut l'occasion venue de jouer en réalité son rôle de professeur suppléant ; il mit la main dans son gilet, redressa la tête et s'apprêta à nous raconter un des chapitres de son volume sur l'Algérie, à propos des grandes chasses au tigre et au lion, où parfois c'est le gibier qui mange le chasseur.

III

« Vous ne savez pas, mes cousines, dit-il, tout ce que nous risquons, nous autres hommes, dans ces chasses-là : il n'y a ni ours, ni tigres, ni lions à Paris.

— Si fait, monsieur, lui riposta vivement Hélène ; il y en a au Jardin des Plantes, et de très-gentils ; je les ai vus, moi !

— Mais, petite cousine, il y en a parce qu'on les y a fait venir.

— Et pourquoi les y a-t-on fait venir ? demanda Émilie ; on pouvait se passer d'eux, il me semble, puisqu'ils sont si méchants.

— On les a fait venir, répondit Maurice, d'abord pour l'instruction de ceux qui, comme n'oncle et moi, s'occupent d'histoire naturelle. » Et se départant de sa gravité : « Puis aussi pour faire peur aux petites filles ! ajouta-t-il en souriant.

— Voyez-vous, dit Émilie, monsieur le grand garçon !

— Mais, voyons, bon papa chéri, me dit alors Hélène, pourquoi donc ne dis-tu rien ?... Est-ce que tu n'en sais pas autant que monsieur Maurice sur toutes ces vilaines bêtes-là ?

IV

— Mon enfant, lui dis-je, Maurice a un avantage sur
moi ; d'abord, l'année dernière, au collége, il a remporté un
septième accessit en histoire naturelle, ne l'oublions pas !
puis, il a été en Algérie, absolument comme Fernand a été
en Amérique. Il peut vous raconter sa chasse au tigre.
mieux que je ne saurais le faire.

— Raconter n'est rien, dit Fernand en prenant un air
fanfaron, mais j'aimerais joliment à voir une chasse au
tigre, moi !

— Moi aussi, ajouta Hélène : les bêtes du Jardin des
Plantes sont dans des cages grillées, et ça ne fait pas assez
peur !

— Eh bien, mes amis, voulez-vous que je vous mette en
présence d'un tigre, d'un vrai tigre, pas en bois, comme
celui qui vient de sortir de l'Arche de Noé et qu'Émilie
tient maintenant entre ses mains, mais vivant, en chair et
os, armé de toutes ses griffes, et, cette fois, sans qu'une
barrière vous sépare de lui ? Vous pourrez même, si le cœur
vous en dit, vous mettre en chasse contre le monstre, qui a
déjà fait bien des victimes ! »

Ils fixèrent sur moi des yeux stupéfaits.

« Ah ! bon papa chéri, tu veux rire ! dit Hélène d'une
voix déjà très-émue.

— Non, je ne ris pas. La bête féroce dont je parle n'est
pas loin.... elle est ici.... dans cette chambre.... (*Grand
mouvement, auquel les mères elles-mêmes prirent part.*) Je
poursuivis :

« Regarde ton chat Ronron, qui, en ce moment, se passe
la patte sur l'oreille, et la lèche ensuite d'un air tout à fait

bon homme ; eh bien, c'est un tigre, un tigre semblable, sauf la taille, à tous les autres tigres, dont il a la peau zébrée, les mœurs, les habitudes. Comme eux, c'est un rôdeur de nuit, un animal carnassier, friand de proie vivante ; il réunit si bien en lui tous les caractères des grands carnassiers que,

Le chat Ronron et la chatte de madame Lestrignon.

Maurice vous le dira, le tigre, la panthère, le léopard, et le lion lui-même sont désignés par les savants comme appartenant à la famille des *chats.*

— C'est vrai, dit Maurice.

— Voyons, mes amis, nous mettons-nous en chasse contre le tigre Ronron ? »

Je fus pris au mot, et, au milieu des cris de joie, la chasse

La chasse commença contre le pauvre Ronron. (Page 172.)

commença contre le pauvre animal, qui, ne comprenant rien à ce manége, sauta sur les tables, sur les chaises, renversa un flambeau, griffa les tapis et un peu Maurice; puis de guerre lasse, finit par se réfugier sous les jupes des mères, qui le prirent sous leur protection.

V

« Mes enfants, dis-je alors aux chasseurs, vous le voyez, tous les tigres ne sont pas bien redoutables; cependant, même parmi ceux de la petite espèce, le plus sage est de ne jamais les irriter; en irritant un chat, on risque de trouver devant soi un vrai tigre.

« Les chats sont sournois, dit-on souvent; non, mais ils sont chats. Comme une vive clarté leur blesse la vue, comme ils veillent une grande partie de la nuit à jouer leur rôle de carnassiers, le jour, ils aiment le repos, la solitude.

« Il en est ainsi pour tous ceux de la famille, petits ou grands.

« Dans sa bienveillante prévoyance, mes amis, Dieu a voulu que tous les êtres nés pour la destruction vécussent isolés, solitaires; les lions, les tigres, les panthères, dont nous parlions tout à l'heure, ne se plaisent que dans l'épaisseur des forêts ou dans les déserts; ils y vivent presque étrangers les uns aux autres, et c'est là un grand bonheur pour l'homme. Réunis par bandes nombreuses, quels périls n'auraient-ils pas fait courir à l'espèce humaine?

« Cette même loi de la Providence, que nous ne saurions trop admirer, se fait également sentir chez tous les grands bandits, chez tous les ravageurs de l'air et des eaux, les aigles, les vautours, les requins.... »

J'allais continuer ma dissertation, peut-être un peu bien

sérieuse pour Fernand et pour Hélène, lorsque heureusement pour eux, la porte du salon s'ouvrit, donnant passage à des visiteurs.

VI

C'était une députation de mes gouverneurs et de mes répétitrices. Accompagnés de leurs parents, ils venaient s'informer auprès de moi du jour où se rouvrirait ma classe.

Certes, une pareille démarche ne pouvait que me flatter dans mon orgueil de professeur; j'allais le leur témoigner, lorsque Marie D..., me voyant entouré, comme je l'étais, de toutes les bêtes de l'Arche, s'écria, avec un air de reproche égayé d'un sourire :

« Ah ! monsieur, vous nous trichiez ! Vous avez commencé sans nous !

— Non, ma chère enfant, lui dis-je, ce n'était point une leçon, mais, entre cousins et cousines, une simple petite causerie sur les bêtes féroces. »

Une minute après, la mère de Marie, madame D..., une femme charmante, s'approcha de moi, et, baissant la voix, me dit : « Parmi vos élèves, cher monsieur, comptez-vous toujours faire figurer mesdemoiselles les poupées ?

— Plus que jamais !

— A quoi bon ? reprit-elle en riant.

— Miséricorde ! mais alors de qui donc nos filles seraient-elles les répétitrices ! D'ailleurs, j'ai besoin d'avoir devant moi ces gentilles figures de carton pour me rappeler que dans mes récits je dois m'appliquer avant tout à rester simple et intelligible, même pour des poupées, autant que faire se peut. Je m'y suis engagé. Tenez, à l'instant, faute de leur présence, j'ai failli me laisser entraîner à dire des choses superbes comme un vrai professeur de l'Université. Je sais que quelques-uns de mes grands garçons se dispensent déjà d'amener avec eux leurs polichinelles à la classe. Je ferme les yeux, mais j'ai tort.

— Bien ! bien ! me dit madame D..., non-seulement Minette continuera d'accompagner Marie, mais je prétends vous prouver bientôt combien j'entre dans vos idées à ce sujet. »

Nous convînmes alors du jour de la réouverture des classes, qui fut fixée au quinze janvier.

« Qu'on se le dise ! » exclama Maurice, qui n'oubliait aucun de ses devoirs de suppléant.

CHAPITRE II

I

Au jour indiqué pour la réouverture de la classe, mon auditoire était au grand complet.

Avant de prendre la parole, je commençai par ranger sur la table placée devant moi, non plus des épis de blé ou de maïs, non plus des fleurs artificielles, mais les compartiments d'une jolie petite ferme, empruntée aux jouets de bébé Hélène; et la maison du maître, et les étables, et les écuries; dans les cours, que j'eus soin d'égayer de quelques arbres, je distribuai les animaux selon leur nature, même les bergers et les batteuses de beurre. A gauche, les pigeonniers, avec leurs toits pointus, s'élevaient comme de petites tourelles; à droite, était le parc aux moutons. Jusqu'au toit à porcs, jusqu'aux cabanes des lapins, tout avait sa place; je n'avais rien négligé pour donner à cette habitation champêtre un air d'animation et de vérité.

Mes gouverneurs et mes répétitrices avaient semblé prendre grand plaisir à voir ainsi une ferme-modèle s'organiser si vite sous leurs yeux. Cependant une voix, celle d'Adolphe, s'éleva :

« Maître, Pharamond demande si nous entendrons bientôt parler d'Animalia et de Végétalia. A la dernière séance, nous en étions restés au moment de leur rencontre, qui promettait d'être très-intéressante.

— C'est vrai ! c'est vrai ! répétèrent plusieurs autres voix.

— Pharamond a bonne mémoire pour un polichinelle, dis-je, et je vais m'empresser de satisfaire à son désir comme au vôtre. »

On fit silence, et, sans rien déranger aux dispositions de ma ferme-modèle, je repris l'histoire des deux sœurs.

II

« Vous vous le rappelez, chers élèves, Végétalia, lasse de ses courses et de ses voyages, affligée du mal du pays et d'un manque d'appétit complet, venait de rentrer dans son pays natal lorsque, montée sur une sorte de bête monstrueuse, Animalia, sa sœur, lui apparut au milieu d'un nuage de poussière.

« Notre sœur Animalia, mes bons amis, n'avait plus du tout ses airs farouches d'autrefois. Chaudement vêtue de bonne laine, chaussée d'élégantes sandales de cuir, elle portait, au milieu de son abondante chevelure noire, une jolie aigrette de plumes de coq, ce qui était loin de nuire à sa beauté naturelle.

« A son ancienne maigreur avait succédé un embonpoint plus que satisfaisant ; elle avait les mains potelées, le menton à double étage et le teint rougeaud comme celui d'une jolie bouchère ; cependant, quelque chose de triste, d'indolent, se remarquait dans sa démarche et dans son regard, prenez-en note.

« Du reste, Végétalia ne put s'en apercevoir d'abord, car les deux sœurs étaient déjà dans les bras l'une de l'autre ; le temps avait effacé tous les tristes souvenirs du passé.

« Alors, ce furent questions sur questions ; elles en avaient tant à se dire que pour causer librement, bien à leur aise, elles cherchèrent un endroit écarté, où, commodément assises sur des tapis de fourrure et la main dans la main, elles passèrent trois jours et trois nuits à se conter tout ce qui leur était arrivé depuis sept cents ans qu'elles ne s'étaient vues.

« Ce qu'elles se dirent, si je vous le répétais, mes bons petits amis, je risquerais de prolonger notre séance pendant trois jours et trois nuits, sans manger ni dormir, ce qui vous semblerait peut-être bien long. »

(Ici, joyeuse rumeur dans l'auditoire.)

« J'abrégerai donc, repris-je ; d'ailleurs, nous connaissons déjà les principales aventures de Végétalia ; passons à celles de sa sœur. »

III

« Après le départ de Végétalia, Animalia s'était trouvée seule, bien seule, car de Minéralia, la troisième sœur, elle n'avait plus entendu parler.

« Triste et sombre, maigrissant toujours, découragée de ses chasses sans résultats, elle en était réduite à vivre de lézards et de souris, lorsque, un matin, une petite fée, haute comme la corne d'un bœuf, mais si jolie que le soleil semblait s'arrêter dans sa route pour la contempler plus à l'aise, se présenta devant elle.

« La petite fée commença par la gronder très-vertement, et Animalia, quoique alors d'une nature peu endurante, n'eut pas la force de se fâcher devant tant de gentillesse.

« A cet endroit du récit de sa sœur, Végétalia sourit.... Pourquoi souriait-elle, mes amis?

— C'est qu'elle songeait, dit Émilie, à la bonne petite Dame qui, de même, était venue la trouver ; qui, de même, l'avait grondée, avant de lui remettre ses trois talismans.

— Bien répondu, ma fille. En effet, c'était la bonne petite Dame, et Végétalia s'expliquait maintenant comment sa bienfaitrice avait eu si grande hâte de la quitter ; c'était pour aller au secours de sa sœur.

« Tout ce qu'elle avait fait pour la plus jeune des filles de la Gigogne, la bonne petite Dame le fit pour Animalia. Elle l'emmena dans des pays lointains, sans lui faire don d'aucun talisman ; mais, chose non moins précieuse, elle lui enseigna l'art, le grand art d'apprivoiser les animaux les plus sauvages, de les soumettre à sa volonté, d'en faire ce qu'on appelle des ANIMAUX DOMESTIQUES. Par ce moyen, elle n'aurait plus besoin d'épuiser ses forces à courir après le gibier ; le gibier viendrait de lui-même à sa voix.

— Bon papa chéri, pourquoi donne-t-on à des animaux ce nom de *domestiques*, comme on dit de nos bonnes? Ça ne me semble pas juste, à moi ! ni honnête pour Madeleine et pour Scolastique.

— Ma chère Hélène, lui répondis-je, le mot *domestique*, qui te choque, appliqué aux bœufs, aux poules, à ton chat Ronron, aussi bien qu'à tes bonnes, vient d'un mot latin qui veut dire *la maison* ou plutôt *de la maison*.

— *Domus !* s'écrièrent en même temps Maurice et Adolphe, les deux plus forts latinistes de ma classe.

— J'allais le dire ! » allait s'écrier à son tour notre ami Fernand, mais comme il ne savait pas encore un mot de latin, il se retint et fit sagement

« Donc, repris-je, on appelle *domestiques* tous ceux, bêtes et gens, qui vivent sous notre toit, qui font partie de notre maison, je pourrais dire de notre famille, car *domus* veut dire aussi *famille*.

« Mais assez parler latin, mes amis ; rejoignons vite Animalia pour avoir connaissance de ses victoires et conquêtes. »

IV

« Dans le nord de l'Europe, la voyageuse découvrit un

Buffle.

animal d'une taille énorme, hideux, cornu, farouche. Quoiqu'il ne se nourrît que d'herbages, il avait la force et les violences des carnassiers. C'était une sorte de *buffle* colossal. Animalia, jugeant que sa chair devait être bonne à manger, le guetta, l'atteignit ; une lutte s'engagea entre eux. Elle ne put triompher de lui, affaiblie qu'elle était par un long jeûne ; mais, comme il fuyait, elle lui lança un dard qui le blessa mortellement.

Comme il fuyait, elle lui lança un dard qui le blessa mortellement (Page 182.)

— Pauvre buffle ! soupira Émilie.

« Tuer les gens est un triste moyen de les apprivoiser. Par bonheur, le fuyard, avant de mourir, eut encore la force de se diriger vers la caverne où il avait laissé sa femelle et ses petits. Animalia s'empara d'eux, et, après bien des soins et des peines, les arrière-petits-enfants du buffle sont devenus des *bœufs* et des *vaches*. »

Prenant alors dans la ferme de bébé Hélène une vache et un bœuf par les cornes, je les plaçai sur le bord de ma table, en face d'un superbe buffle, tiré d'avance par moi de l'*Arche de Noé*, afin que mes élèves pussent d'un coup d'œil voir la différence qui existait entre le bœuf sauvage et le bœuf domestique.

Puis, faisant ensuite sortir de leur écurie le *cheval* et l'*âne*, je les rangeai auprès des trois autres.

« Cette double conquête d'Animalia, mes amis, n'a pas moins d'importance que l'autre. C'est en traversant les plaines de la Tartarie qu'elle fit la découverte de l'âne et du cheval qui, dans ces premiers temps, vivaient en plein état de liberté, par bandes cependant.

« Lorsque Animalia voulut s'emparer de l'un d'eux, aussitôt, se retournant, lui faisant face de la croupe, tous, rangés en demi-cercle autour d'elle, l'accueillirent avec des ruades si bien calculées, tellement multipliées, qu'elle en fut couverte de contusions et dut garder le lit pendant une semaine.

— Ah ! pauvre Animalia ! » dit Émilie.

V

« Vous le voyez, mes amis, ce n'était pas sans luttes, sans dangers, sans déployer toutes les ressources de son intelligence, qu'Animalia avançait dans sa tâche. Mais quel triomphe pour elle lorsqu'elle fut parvenue à dompter, à dresser son premier cheval ! Quels services ne lui rendit-il pas ! Elle en fit sa monture, il l'accompagna dans toutes ses courses, dans toutes ses chasses ; l'âne portait les bagages. C'est un bon serviteur aussi, quoique un peu rétif, un peu capricieux, un peu têtu ; mais il faut être indulgent pour lui ; il se con—

Cheval.

tente de si peu ! une demi-botte de foin, un chardon, lui suffisent pour sa nourriture.

— Ça mange aussi des chapeaux de paille, interrompit Fernand ; oui, t'oncle, l'automne dernier, quand nous avons fait une partie d'ânes, celui de Maurice m'a tout mangé le mien.

— C'est possible, mon ami ; il est vrai que les ânes, outre le foin et les chardons, mangent aussi les chapeaux de paille des petits garçons négligents, qui n'ont pas soin de leurs effets, mais ils n'en font pas leur nourriture habituelle. »

VI

Abrégeant de mon mieux le récit des victoires et conquêtes de la seconde fille de la grande Magicienne, je leur racontai comment, en quittant la Tartarie, Animalia s'était dirigée

Chèvre sauvage, chèvre domestique.

vers les montagnes du Caucase ; elle en avait rapporté un *bélier* et une *brebis*, animaux très-sauvages alors, mais qui bientôt devinrent des modèles de douceur, comme leurs fils, les *moutons*.

« Dans les mêmes lieux, sur des sommets couverts de neige, elle avait poursuivi et fait prisonniers un *bouc* et une *chèvre*.

« Ceux-ci n'ont pris rang qu'à contre-cœur parmi nos animaux domestiques. Ils ont conservé l'amour des montagnes et de la liberté; aussi en plaine, a-t-on l'habitude de leur suspendre une petite clochette au cou, pour être plus vite sur leurs traces lorsqu'ils tentent de faire l'école buissonnière. »

Et après avoir placé sur le bord de ma table, à côté de l'âne et du cheval, un bouc, sa chèvre et leur chevreau, un père bélier, une mère brebis, ainsi que quelques-uns de leurs enfants et petits-enfants, les moutons et les agneaux :

Porc.

« Chers élèves, repris-je, l'heure s'avance, et nous n'avons pas encore entamé la partie la plus intéressante de l'histoire des deux sœurs ; ce sera pour la prochaine séance. Cependant, en jetant les yeux sur cette ferme étalée sous vos yeux, et peuplée de tous les animaux sauvages soumis à la domesticité par Animalia, j'ai omis de vous parler d'une de ses conquêtes les plus importantes, de l'animal le plus fécond, le plus indispensable, le plus répandu, le plus utile et.... le plus laid ! ajoutai-je. » Ouvrant la main je leur montrai alors un *cochon*, sculpté, pinturluré, avec une habileté toute particulière, et saisissant de ressemblance.

— Quelle horreur ! s'écria Émilie ; ne le regarde pas, Zéphirine !

— C'est bien laid, oui, dit Adolphe, mais c'est bien bon ! C'est lui qui nous donne des boudins !

Sanglier.

— Et des saucisses, et des saucissons ! ajouta un autre.

— Et du petit salé !

— Et des cervelas !

— Et du jambon !

— Et des pieds à la Sainte-Menehould !

— Et du fromage d'Italie !

— Et du fromage de cochon !

— Et la hure de cochon !

— Et des petits cochons de lait ! entonnèrent tour à tour chacun de mes jeunes gouverneurs.

— Mes amis, leur dis-je, vous n'avez pas nommé celles des parties du porc qui fait de ce monstre un bienfaiteur public ; c'est sa graisse, son lard enfin, le lard salé, le lard fumé, d'une si grande ressource pour les habitants de la campagne. Eh bien, le porc n'est autre qu'un *sanglier* domestique ; il est né d'un sanglier sauvage qu'Animalia força de quitter ses forêts pour venir habiter la ferme. »

Adolphe se posa de nouveau en orateur :

« Je n'aimais guère Animalia, dit-il ; elle a été méchante envers sa sœur ; mais puisque nous lui devons le bœuf, la vache et le porc, c'est-à-dire les bons rosbifs, les bons fromages à la crème et surtout les grillades de lard, que j'adore, je lui pardonne ! »

. Et chacun s'associa par un geste au pardon généreux d'Adolphe

CHAPITRE III

I

« Avant d'en revenir aux deux sœurs, encore un coup
d'œil, rien qu'un coup d'œil sur la ferme, mes amis.

« Le chant du coq, les poules qui caquettent en grattant
le fumier, les canards qui barbotent dans la mare, les din-
dons qui gloussent en se promenant d'un air majestueux, les
troupeaux qui sortent, la chèvre qui fait tinter sa clochette,
les charrettes qui apportent le foin et la paille, les ouvriers
qui, au moyen d'une longue corde roulant sur sa poulie, les
enlèvent pour les entasser dans les granges, les batteurs de
grain et les batteuses de beurre, accompagnant du frappe-
ment de leurs fléaux et de leurs pilons le chant des moison-
neurs, qui s'élève dans le lointain, tout cela présente un
tableau vif, animé, charmant, n'est-il pas vrai? surtout quand
un gai soleil l'éclaire.

« Mais attendez!... pas de médaille qui n'ait son revers,
comme dit le proverbe. Voici le soir ; les chants et les travaux
ont cessé ; les poules sont sur leur perchoir, les moutons à
l'étable, les travailleurs dans leur lit ; le maître fermier
a fait sa dernière inspection ; tout dort, la nuit devient
noire....

« Alors, du côté des étables, deux yeux ardents brillent dans l'obscurité; c'est un *loup!*... un loup poussé par la

Un loup... Gare aux moutons!

faim, a trouvé moyen de s'introduire à travers la haie de clôture.... gare au moutons !

Un renard... Gare aux poules !

« Du côté du poulailler, un autre animal carnassier, agile, adroit, rusé, s'est creusé un chemin, sous la porte, c'est un *renard!*.... gare aux poules !

« Poules et moutons sont en grand péril ; le sang va couler.

« Tout à coup une voix se fait entendre. Est-ce la voix du fermier, qui veille à la sûreté de tous ? Non ; celui qui veille seul en ce moment, c'est le CHIEN !

Chien levrier.

« Il a donné l'alarme, et déjà, en trois bonds, il est au poulailler ; d'un coup de ses solides mâchoires, il a cassé les reins du renard ; trois autres bonds encore, et le loup, qui allait s'élancer sur sa proie, se trouve en face d'un adversaire terrible, hérissé et la gueule sanglante.

« Les garçons de la ferme, éveillés par le bruit, sont accourus armés de fourches ; mais la besogne est faite ; le chien a suffi à tout. »

13

II

« Certes, chers élèves, quand il était question entre nous des animaux domestiques, pouvais-je passer sous silence le

Chien braque.

plus admirable de tous, Le *chien?* Le chien et le chat sont les

Chien courant.

deux gardiens de la maison ; le chat aime la maison avant

tout ; il ne la quitte pas, même quand les locataires démé-

Chiens bassets.

Bull-dogs.

nagent ; il aime mieux changer de maître que d'habitation ;

le chien avant tout aime son maître, et d'une amitié si vive,
si naturelle, qui doit dater depuis si longtemps que, cette
fois, je ne veux pas chercher d'où l'animal nous est venu.
En vérité, je le crois né en même temps que l'homme, dans
le paradis terrestre, d'où il est sorti volontairement pour le

Chiens de berger.

suivre partout ; partout où il y a des hommes n'a-t-on pas
trouvé des chiens ?

« Si les chiens diffèrent si fort entre eux, s'il y a des
lévriers, des braques, des chiens courants, des chiens bassets,
qui semblent nés avec l'instinct de la chasse ; des chiens de
garde et des chiens de berger, nés les protecteurs naturels

des troupeaux et de la maison du maître ; des chiens de Terre-
Neuve, nageurs habiles, c'est que leurs premiers instructeurs
étaient chasseurs, bergers, propriétaires ou pêcheurs ; les
charlatans ont des chiens savants qui jouent aux dominos ;
les mendiants, des caniches qui demandent l'aumône pour

Chiens de Terre-Neuve.

eux ; l'aveugle a son griffon qui sait le conduire, et le bien
conduire, en évitant les obstacles, les fossés, les voitures ;
merveilleux instinct qui relie si étroitement l'animal à l'homme. Nous avons de même de petits, tout petits bichons frisés
pour les dames, qui, au besoin, peuvent les mettre dans leur
poche.

« Il y a ainsi des chiens de toutes les grandeurs, de toutes les formes, de toutes les couleurs. Pourquoi ? c'est que, seuls parmi les animaux, ils ont, à la suite de l'homme, vécu sous tous les climats, usé de tous les genres de nourriture.

« Mais si les différences sont nombreuses entre toutes les espèces, le dévouement est le même.

« On a vu des chiens mourir de douleur en perdant leur

Chien griffon.

maître ; on en a vu mourir de joie en le retrouvant après des années de séparation.

« — Une famille humaine, pour être au grand complet, avait coutume de dire mon ami Cabassol, doit se composer d'un père, d'une mère, d'un garçon, d'une fille et d'un chien ! »

« Pourquoi n'a-t-il pas ajouté « et d'un bon papa ! » je lui aurais donné pleinement raison. Mais c'était un si grand original que mon ami Cabassol, et il ne le prouva que trop bien du reste, puisqu'il se maria un beau jour, rien que pour faire plaisir à son chien.

— Ah ! bon papa chéri !

— Ah ! l'oncle !

— Ah ! monsieur !

— Ah ! maître !..... l'histoire de M. Cabassol, s'il vous plaît ?...

Chiens bichons.

— Non, mes amis, il est temps que j'arrive à notre affaire principale, la suite de l'entrevue des deux sœurs...

— Eh bien, maître, dit Adolphe, cette fois, vous ne regarderez pas à votre montre ; vous prolongerez la séance autant qu'il vous plaira.

— Oui ! oui ! répéta-t-on de tous côtés.

— A la bonne heure ! A cette condition je me rends. »

Et j'entamai l'histoire de mon ami Cabassol et de son chien.

III

« Cabassol était garçon ; un peu bourru, un peu sauvage, il vivait à la campagne, seul, avec son chien, une perfection de chien, qu'il tenait de moi, et que devant moi il osait déclarer son meilleur ami.

« Ce Médor, trois ans auparavant, appartenait à une dame veuve qui habitait Saint-Germain en Laye. Comme il était né chasseur, les gardes de la forêt de Saint-Germain avaient poliment averti la veuve, qu'un jour ou l'autre ils se verraient forcés d'envoyer un coup de fusil à ce braconnier à quatre pattes.

« Comprenant la nécessité de se séparer de son cher Médor, la dame, quelques jours après, me chargeait de lui trouver un nouveau maître ; certes, j'avais eu la main heureuse, car jamais, au grand jamais, homme et chien n'ont semblé aussi bien créés l'un pour l'autre que Médor et Cabassol.

« Cependant, un jour, où le nez dans son écuelle, il semblait ne songer qu'à sa pâtée, Médor lève subitement la tête, et, pris d'un tremblement dans tous ses membres, se mit à pousser des hurlements inexplicables.

« On sonne à la porte de la maison ; Médor s'élance, et quand mon ami Cabassol le rejoint, il le trouve se roulant dans des convulsions de joie aux pieds d'une étrangère.

« La dame veuve, qui n'habitait plus Saint-Germain, mais Paris, avait fait exprès le voyage pour venir voir son ancien Médor. Touchée de l'accueil qu'elle en recevait, elle offrit à Cabassol, s'il voulait le lui rendre, tout ce qu'il lui plairait d'exiger comme frais de nourriture pendant trois années, et, en sus, la somme qu'il fixerait lui-même.

« Cabassol la regarda d'un air furibond : « On ne cède

« pas, on ne vend pas son ami ! » lui cria-t-il, en accompagnant sa phrase d'un mouvement d'épaules qui signifiait
très-clairement : « Allez-vous promener ! »

« La dame, avec une certaine aigreur, lui reprocha, non
d'être grossier envers elle, ce qu'elle aurait bien pu faire,
mais de risquer par son refus de faire mourir de chagrin le
pauvre Médor, qui, évidemment, n'avait cessé de la regretter,
l'aimait toujours, et n'aimait qu'elle !

« Ce dernier mot acheva d'exaspérer Cabassol. Bien con-
vaincu que l'épreuve doit tourner à son avantage, il propose
à la veuve un arrangement.

« Sa maison touche à une colline ; la colline s'abaisse par
un double sentier vers le nord comme vers le midi. Accompagné du chien, il va reconduire sa visiteuse jusqu'au sommet
de cette colline ; alors elle continuera sa route par le sentier
du midi ; lui, il reviendra par le sentier du nord. Le chien
appartiendra à tout jamais à celui des deux qu'il aura suivi.

« Les conditions ainsi posées et acceptées, ils se mettent en
route. »

IV

« Médor, gambadant de bonheur entre ses deux amis,
arrive avec eux sur le sommet de la colline ; puis, sans hési-
ter, il suit son ancienne maîtresse, et s'engage avec elle dans
le sentier qui lui fait face. Bientôt s'apercevant que son
maître n'est plus là, il rebrousse chemin, le rattrape, retourne à la dame, qui continuait de s'éloigner, revient à Cabassol,
qui marchait toujours dans le sens opposé ; il monte, il descend, remonte, redescend encore, parcourant nécessairement
à cha une de ses courses une route plus longue, plus escar-
pée. Ne pouvant se décider à se séparer de l'un ou de l'autre

de ses deux maîtres, dix fois, vingt fois, il répète le manége, jusqu'à ce que ruisselant de sueur, haletant, la langue pendante, le pauvre Médor tombe complétement épuisé de forces, sur ce même sommet de la colline où s'est opérée la séparation ; et là, tournant la tête de droite et de gauche, il essaye de suivre, au moins du regard, chacun de ces deux êtres à qui il a donné une part égale de son cœur.

« Cabassol, comprenant qu'il venait de soumettre son chien à une épreuve qui menaçait d'être mortelle, résolut de le rendre à celle qui, la première, l'avait possédé. Il retourna sur ses pas, franchit la montée ; mais, arrivé au sommet, il y trouva la veuve.

« Profondément émue du spectacle qui venait de lui être donné, de son côté la veuve avait conçu l'idée de renoncer à Médor en faveur de Cabassol.

« Mais, comment faire accepter au pauvre animal une nouvelle séparation ?

« Après y avoir réfléchi, mon brave ami ne vit qu'un moyen d'arranger les choses : ce fut d'épouser la dame. Et c'est ainsi que, malgré son désir de rester garçon, malgré sa sauvagerie naturelle, mon ami Cabassol se maria pour faire plaisir à son chien.

« Les chiens ne sont pas seuls capables de dévouement. »

V

L'histoire de Cabassol achevée, et sans laisser le temps aux plaisanteries des uns et aux attendrissements des autres de se faire jour :

« Mes amis, dis-je aussitôt, retournons vite à la ferme, dont nous venons de nous éloigner grandement ; mais nous rattraperons le temps perdu ; j'ai votre parole, et dussions-nous

Ne pouvant se décider à séparer de l'un ou de l'autre. (Page 201.)

rester ici jusqu'à l'heure du dîner, après le chien viendra le chat, et nous reprendrons ensuite la conversation et les aventures des deux sœurs.

Fouine.

« A la ferme donc, continuai-je, il y a les ennemis du dehors, le loup, le renard, et le chien contre eux ; mais il y

Belette.

a aussi les ennemis de l'intérieur, les *fouines*, les *belettes*, qui font la guerre aux lapins et aux pigeons ; les *rats* et les *souris*, qui font la guerre aux grains, au lard, à la chandelle ; contre ceux–là, le chat, que vous connaissez suffisamment, fait son métier en conscience.

« Je n'ai sous la main, mes enfants, ni une belette, ni une

Rat.

fouine; je n'en ai point trouvé dans l'*Arche*, mais je puis faire courir sous vos yeux une souris. »

Et je plaçai sur ma table une *souris courante,* une jolie

Souris.

petite machine en bois, sous l'apparence d'une vraie souris, qui se mit aussitôt en marche, décrivit des cercles, à la grande joie de tout le monde.

VI

O surprise, ô catastrophe imprévue ! au moment où je m'y attendais le moins, le chat Ronron qui, nécessairement, n'avait pu se dispenser d'assister à une séance où il devait être question de ses pareils, ne fit qu'un saut des genoux de bébé Hélène, où il se tenait, à ma table, sur laquelle la fausse souris continuait de tourner ; et, s'y trompant, il la happa entre ses mâchoires, et s'enfuit à travers les escaliers.

Hélène courut après son chat ; Émilie, après sa sœur ; Fernand, après ses cousines ; Maurice, après Fernand ; Adolphe, après Maurice ; le reste suivit en criant : « Au chat ! au chat ! »

Quant à moi, pour ne pas rester seul avec les poupées, comme à notre première leçon, je n'eus qu'un parti à prendre, ce fut de les suivre, et je les suivis.

Dans cette séance où il devait être question surtout des deux filles de la grande Gigogne, d'Animalia comme de Végétalia, il n'en fut pas dit un mot.

CHAPITRE IV

I

« Dirigeons-nous tout droit vers les deux sœurs, qui, sous une vaste tente de cuir, masquée par un bouquet d'arbres, continuaient leur longue et curieuse conversation.

« Après un récit beaucoup plus détaillé que le mien sur les principaux animaux domestiques, Animalia en était venue à parler de sa rentrée au pays natal.

« Si Végétalia, sa cadette, était restée frappée de surprise en trouvant des plaines là où elle avait laissé des forêts, et des troupeaux de bœufs et de moutons où il ne s'était montré jusqu'alors que des loups et des sangliers, Animalia, arrivée bien longtemps avant elle, n'avait pas été moins étonnée du spectacle qui s'y était offert à ses yeux.

« Des hommes occupaient une grande partie de l'héritage des trois sœurs. Grâce à eux, la culture de la vigne et des céréales y prospérait déjà.

« De ce côté, Animalia ne pouvait profiter de leur industrie ; mais ils lui devinrent des voisins utiles. De bonnes relations, un bon accord, s'établirent entre eux ; à quelques-uns, elle confia le soin de ses troupeaux, qu'ils surent mul-

tiplier à l'infini; elle eut parmi eux ses bergers, ses chevriers, ses porchers, ses cuisiniers même, et les services
qu'ils lui rendirent par la suite allèrent bien au delà de ce
qu'elle en avait espéré d'abord. »

II

« Ils utilisèrent la toison des béliers, des brebis, des moutons; et si des plantes avaient fourni à Végétalia ses étoffes
de fil et de coton, Animalia, à l'époque des froids, ou quand
soufflait le vent du nord,
put s'envelopper dans des
étoffes de laine.

« Ces mêmes hommes,
bien entendu, prenaient
leur part du bien-être qu'ils
lui procuraient.

« Le bœuf jusqu'alors
n'avait eu d'autre occupation que de se promener

Bélier.

dans ses pâturages, et d'autre utilité que celle de sa chair ;
ils le soumirent à la charrue ; la vache, ils ne se contentè-
rent pas de boire son *lait ;* avec ce lait, ils firent du *beurre,*
du *fromage.*

« Le cheval et l'âne devinrent les compagnons de leurs
travaux. Le premier fut attaché à la charrette, puis au char
à bancs. Quelques siècles après, placé entre de légers bran-
cards, il emportera à travers nos rues un élégant coupé, ou
figurera dans nos courses de Vincennes et du bois de Boulogne.

« Quant à l'âne, qui ne devait guère monter en grade, il
porta le blé au moulin ; à défaut de blé, il porta le meunier

ou la meunière, et les enfants de la meunière et du meunier, dans de grands paniers dont on lui surchargea les
flancs.

« Le porc, vous savez maintenant, mes amis, ce qu'ils en

Moutons.

surent tirer ; de même, quels services ils obtinrent du chien
et du chat.

« Mais ce n'est pas tout ! »

III

« Ces hommes, les fondateurs de la grande colonie d'Animalia, firent bien autrement valoir ces nombreux animaux,
découverts, vaincus et domptés par elle. Avec les cornes
des bœufs, des chèvres et des béliers, ils fabriquèrent des
vases à boire, des peignes. Animalia, qui jusqu'alors n'avait

jamais bu que dans le creux de sa main et ne s'était jamais peignée qu'avec une arête de poisson, comprit que l'industrie était bonne à quelque chose.

« Avec le *suif* des moutons, c'est-à-dire avec leur graisse,

Bœufs et vaches.

ils firent de la chandelle. A partir de ce moment, Animalia put prolonger le jour à sa volonté ; et, si elle n'avait pas allumé sa chandelle pendant ces trois nuits passées avec sa sœur, c'est qu'on était au temps de la pleine lune.

« Avec les os des animaux, ces mêmes hommes firent des manches d'outils, des étuis, des boutons et des jeux de domnos. Leur chef-d'œuvre en ce genre d'industrie fut une magnifique paire de fourchettes. Ils l'offrirent à Animalia, qui, pour leur témoigner du cas qu'elle faisait de leur cadeau, cessa de manger avec ses doigts.

« Ils avaient tissé tout exprès pour elle une robe de *poil de chèvre*. Avec le poil ou le crin de leur bétail, ils fabriquèrent des brosses, des balais, des pinceaux, des tamis et une foule de menus objets de ménage ; mais Animalia, quelque peu sauvage encore, dédaignait l'emploi de toutes ces futilités ; elle n'accepta cette fois qu'une jolie brosse à dents, avec manche de corne, et dont elle ne se servit jamais.

« Ce n'est pas tout encore, mes amis ! »

IV

« Avec la vessie d'un porc, maintenue sur l'os creux d'un cheval au moyen d'une corde à boyau, ils créèrent leur premier instrument de musique dont Animalia fit usage plus que de la brosse à dents.

« Durant ses heures d'ennui, et elles étaient nombreuses (vous saurez bientôt pourquoi), elle aimait à se distraire au bruit de cet instrument disgracieux. En supprimant la vessie du porc, en multipliant les cordes à boyau, plus tard on trouva la guitare, le violon et la harpe.

« Notre bonne Végétalia, elle, sans tant de peine, avait fait une flûte d'un roseau.

« Un jour, un de ces mêmes hommes, les compagnons et les serviteurs d'Animalia, sur l'emplacement des vieilles forêts détruites, trouva la peau d'un écureuil, souple et parfaitement conservée, au milieu d'un amas d'écorces de chêne et d'écorces de bouleau presque réduites en poussière.

« Ce jour même, l'art du *tanneur*, l'art d'assouplir les peaux et d'assurer leur conservation fut inventé.

« Nos hommes étendirent plusieurs peaux de bœufs et de chevaux dans du *tan* (c'est le nom donné à ce même mélange d'écorce de chêne et d'écorce de bouleau ; de là le mot *tanneur*), et ils avaient élevé alors cette vaste tente de cuir, sous laquelle Animalia aimait à se retirer, sous laquelle elle prenait ses repas ou pinçait de son instrument à une corde, sous laquelle enfin, en ce moment, causaient les deux sœurs.

« Les bienfaits de cette grande découverte du *tannage*, due au hasard comme tant d'autres, ne devaient pas se borner à la construction d'une tente de cuir.

« Avec le cuir *tanné*, alors, ou plus tard, les hommes se firent des chaussures, des *souliers*, des *bottes*, tiges et semelles ; des *sacs de cuir* pour les provisions, des *outres de cuir* pour contenir les liquides, des *malles de cuir* pour les voyageurs, des *licous*, des *brides*, des *harnais*, des *selles de cuir* pour les ânes et les chevaux.

« Avec le cuir des chèvres, passé, pressé entre deux rouleaux de bois rayés ou gravés, on fit du *maroquin ;* avec le cuir du mouton, du *parchemin ;* en remplaçant l'écorce du chêne par l'écorce du sumac, en mêlant au tout un grain d'encens, on fit du *cuir de Russie*, qui sent si bon.

« Vous le voyez, mes amis, si nous devons à notre chère Végétalia les fleurs, les fruits, les légumes, le pain, le vin, la bière, le cidre, et des tissus utiles, et le linge de corps et le linge de table, Animalia, quoique d'un esprit peu inventif, rien qu'en apprivoisant les animaux, en les soumettant à la domesticité, n'avait pas moins fait pour notre bien-être et notre bien-vivre.

V

« Tandis qu'Animalia entretenait sa sœur de ses voyages, de ses luttes, de ses triomphes, celle-ci, la tête basse, l'écoutait en poussant de temps en temps quelques soupirs étouffés à grand'peine.

« Vint un moment où, entraînée par l'idée qui la dominait, elle s'écria :

« — Vous êtes bien heureuse, ma sœur ! rien ne vous « manque, ni la viande de boucherie, ni la volaille, ni le « poisson, ni un bon appétit, sans doute ; votre figure en « témoigne assez ! »

« Et elle poussa un nouveau soupir, plus fort que tous les autres, auquel, cette fois, répondit un soupir d'Ani- malia :

« — Vous me trouvez bonne apparence et bonne mine, « lui répondit celle-ci ; détrompez-vous, ma sœur ; je ne « suis ni forte, ni grasse, je suis bouffie. Si j'ai les joues colo- « rées, c'est que le sang me monte à la tête ; vous parlez de « mon appétit, et je ne mange plus, je ne puis plus man- « ger ! »

« Et, poussant jusqu'au bout ses confidences, elle avoua franchement à sa sœur que la nourriture à laquelle elle était condamnée depuis si longtemps lui inspirait un dégoût pro- fond ; elle en était venue à porter envie à ses bouviers et à ses chevriers qui pouvaient mêler à la chair des animaux le pain, les fruits ou les herbes potagères.

« — Le croiriez-vous, ma sœur ? il m'est arrivé de ren- « contrer le plus pauvre de mes gardeurs de porcs déjeu- « nant de châtaignes, en buvant du cidre ; et en voyant la « chair blanche de ses châtaignes dans laquelle il mordait à

Alors j'aurais voulu être la femme de ce gardeur de porcs pour avoir le droit
de partager avec lui son cidre et ses châtaignes. (Page 217.)

« pleines dents, en voyant la liqueur dorée du cidre mousser
« et petiller dans la corne de bœuf qui lui servait de vase à
« boire, il me prenait des désirs insensés de lui arracher le
« tout des mains, et de boire et de mordre après lui ! Moi,
« la seconde fille de la grande Gigogne, alors j'aurais voulu
« être la femme de ce gardeur de porcs pour avoir le droit
« de partager avec lui son cidre et ses châtaignes ! »

« Le dimanche », continua-t-elle, « quand ces misérables
« font de la galette au beurre, et que l'odeur en arrive jus-
« qu'à moi, il me semble que je donnerais mon immortalité
« en échange d'une part de leur galette ! Tant est grande
« mon horreur pour les viandes de toutes sortes; j'en suis
« convaincue, une touffe de luzerne suffirait à me faire un
« excellent repas !

« Eh bien, ma sœur, me croyez-vous toujours heureuse !»
« Ainsi parla Animalia. »

VI

« De son côté, Végétalia lui fit un aveu à peu près semblable.

« Elle en avait assez de ses fruits et de ses racines, et volontiers elle se résignerait à vivre de lait pur, de pain bis et
d'œufs à la coque.

« Par bonheur », disait-elle, « le moment va bientôt venir où nous ne serons plus liées par notre serment ! »

« — Mais, » répondait Animalia, « ce serment fatal, ne
« pouvons-nous, sur-le-champ, le rendre nul par accord
« mutuel ? »

« — Ce ne serait pas agir honnêtement; notre sœur Mi-
« néralia n'est pas là pour nous en affranchir. »

— « Minéralia ! où la rencontrer ?.... Épuisée par un
« jeûne infiniment trop prolongé, sans doute elle s'est
« desséchée, pétrifiée, au fond de quelque grotte souterraine.

« D'ailleurs, qu'espérons-nous de sa présence ? que nous
« fournirait-elle pour nous rendre l'appétit qui nous man-
« que ? Du sable ?... des cailloux ?.... Fi !... Nous la cherche-
« rons encore ; mais, en attendant, réglons nos affaires nous-
« mêmes ! »

« Et Animalia endoctrina si bien Végétalia, que, avant la
fin de leur troisième journée de conversation, toutes deux
dînaient à la même table. Sur cette table, figuraient les
produits du verger, du potager et du vignoble, mêlés à ceux
de la basse-cour, des troupeaux et même des viviers.

« Tout en dévorant des côtelettes de mouton et des côtelettes de veau, un poulet et du jambon fumé, Végétalia restait silencieuse ; elle songeait à la troisième sœur ; mais
Animalia rayonnait de joie ; elle venait de remplacer sa
touffe de luzerne par une magnifique botte d'asperges et
s'apprêtait à entamer une large galette au beurre. Sans épouser son porcher, elle avait bu du cidre, elle avait bu du vin,
trop, peut-être, car ses joues, naturellement rougeaudes,
avaient pris la couleur des coquelicots, et ce fut en chance-
lant un peu et en fredonnant un air de sa composition
qu'elle accompagna Végétalia dans la basse-cour, où celle-
ci voulait dénicher elle-même des œufs frais pondus.

« Dans la basse-cour, chers élèves, nous les suivrons, mais
un autre jour. »

CHAPITRE V

I

« Les œufs, ces bons œufs, frais pondus, pareils à ceux que sa sœur venait d'aller chercher au poulailler, avaient complété les conquêtes d'Animalia. Oui, mes amis, et vous allez le comprendre. Pouvait-elle s'emparer des oiseaux comme des autres animaux? Non. Il lui aurait fallu pour arriver à eux voler dans les airs, ou nager, plonger, barboter dans les eaux, à la suite d'un cygne ou d'un canard. Elle fit mieux.

« Un matin qu'elle traversait une chaîne de montagnes, en Asie, elle rencontre une poule. La poule, à son approche, prend son vol, un vol lourd, de courte durée ; puis, bientôt, touchant terre, elle se met à tournoyer, à caqueter le long d'un petit buisson. Animalia regarde sous le buisson, y trouve deux beaux œufs tout blancs, les ramasse et se met à les couver elle-même, en les plaçant dans son corsage.

« Certes, mes amis, si alors elle avait rencontré un buffle ou un cheval sauvage, elle n'eût pas été d'humeur à lutter contre lui. D'un coup de corne ou d'un coup de pied, il aurait pu lui casser ses œufs, et Animalia était une excellente couveuse, très-prévoyante.

« Au bout de vingt et un jours, deux petits poulets, déjà armés d'un bec assez dur pour briser leur coquille eux-mêmes, sortirent de ces deux œufs, et tout aussitôt ils se mirent à picoter, à becqueter la graine qui se trouvait autour

Deux petits poulets sortirent de ces œufs.

d'eux, sachant très-bien choisir celle qui leur convenait.

« Les poulets savent tout en naissant, et n'ont plus rien à apprendre.

— Ils sont bien heureux ! » murmura Fernand.

II

« Animalia n'avait pas eu de peine à apprivoiser ces deux petits poussins, dont elle était pour ainsi dire la mère. Quand

ils furent devenus l'un coq et l'autre poule, elle ramassa le
long du rivage, dans des touffes de roseaux, des œufs d'oiseaux nageurs, et la poule, à son tour, avait couvé des œufs
de canard et des œufs d'oie ; puis, à tour de rôle, les oies
avaient couvé des œufs de cygne et des œufs de dinde ; les
dindes, des œufs de paon ; ainsi, de couveuse en couveuse,
d'Animalia à la poule, de la poule à l'oie, de l'oie à la dinde,

Canards.

de la dinde au paon, ou plutôt à la paonne, la basse-cour
s'était trouvée complète, ou à peu près. »

Et pour réveiller le souvenir de mon jeune entourage, qui
déjà, de vue du moins, connaissait les principaux habitants
de la basse-cour, je leur montrai de belles images coloriées,
où étaient représentés le *cygne*, avec son beau plumage d'un
blanc lustré, sans tache ; l'*oie*, avec sa robe grise ; le *dindon*,
avec sa robe noire ; le *paon*, avec cette magnifique parure
d'or, de vert-émeraude et de bleu azuré qui en fait une merveille de la nature.

« Chers élèves, dis-je, voici leur portrait : quant à leur caractère, si je m'en rapporte à ce qu'on en dit communément, trois mots suffiront : FIER COMME UN PAON — COLÈRE

Fier comme un paon.

COMME UN DINDON — BÊTE COMME UNE OIE ; j'en appelle cependant du jugement rendu contre cette dernière.

« Bête comme une oie tant qu'on voudra, mais j'ai pris des renseignements sur l'oie auprès de personnes honorables, entre autres M. de Buffon, un grand homme, trèsconnu, même de vous, j'en suis sûr. Voici ce qui m'a été

répondu : « Outre sa chair, qui est succulente, sa graisse,
« si abondante, si estimée pour toutes sortes de ragoûts, son
« duvet, dont on sait tirer un si grand
« parti, ses plumes, qui, seules, avant
« l'invention des plumes de fer, ont
« servi à écrire tant de beaux ou-
« vrages, l'oie donne encore à l'homme
« son amitié, son dévouement. Née
« comme le cygne, comme le canard,
« pour vivre dans l'eau, elle s'est ré-
« signée à vivre comme les animaux
« terrestres, même à faire partie d'un

Colère comme un dindon.

« troupeau, sous la direction d'un homme, et si cet homme
« est digne d'être aimé, elle l'aime ; elle l'aime jusqu'à le

Bête comme une oie.

« défendre au besoin, jusqu'à mourir de ses regrets si on
« la sépare de lui. »

    « Or, mes amis, là où je vois tant de bons sentiments d'af-
fection et de reconnaissance, j'ai peine à supposer de la
bêtise. »

Mon suppléant Maurice, pour compléter l'apologie, ajouta la main au gilet :

— « Les oies ont sauvé le Capitole !

Adolphe prit la parole après lui :

— « Si les oies nous aiment, elles n'ont pas affaire à des ingrats ; je les aime bien aussi, moi !... surtout aux marrons.

— J'allais le dire ! s'écria Fernand hors de lui ; ce monsieur Adolphe, il répète toujours vos mots avant que vous les ayez dits ! »

III

« Dans cette basse-cour d'Animalia, parmi tous ces oiseaux connus, figuraient l'*eider*, ou canard du Nord, dont le duvet

Faisan.

si fin, si soyeux, a été nommé *édredon ;* la *pintade*, une poule africaine, au joli plumage gris foncé, parsemé de petites taches blanches ; des *faisans* de toutes espèces, dorés, argentés,

ques-uns étalant des couleurs aussi éclatantes que celles
aon ; on voyait même des *autruches*, ces oiseaux énormes
fournissent de si belles plumes pour la coiffure des
es. Eh bien ! ce n'était ni l'autruche, ni la femelle du
n, ni celle du cygne, ni celle du paon qui était reine :
it la poule ; la poule, la plus anciennement apprivoisée,

Pintade.

première née d'Animalia, la meilleure pondeuse, la meil-
re couveuse, et cette royauté de basse-cour, le coq, le
-roi, était là pour la faire respecter. »

IV

« Un coq !... une poule !... quel intéressant couple à ob-
ver ! Laissez-moi, mes enfants, rappeler devant vous mes
ux souvenirs.

« Il y a quelque vingt ans, à la campagne, j'avais une petite basse-cour, et à côté de ma petite basse-cour une immense volière remplie d'oiseaux sautillants, jaseurs, chanteurs, les plus charmants qu'on puisse trouver. Eh bien! la volière, Scolastique seule s'en occupait; moi, je restais en contemplation devant mon coq et mes quatre poules... Mon coq, quel digne chef de maison! Qu'il était beau! qu'il était tou-

Autruche.

chant dans les soins donnés à ses compagnes et à ses petits... Tenez, je le vois encore grattant la terre... Il trouve un vermisseau..... songe-t-il à s'en repaître? Non. Par un cri, il appelle au partage la mère poule et ses poussins; puis il gratte encore, il cherche un autre vermisseau, non pour lui, toujours pour eux.

« Et quelle vigilance, quelle hardiesse! Il vient d'apercevoir au plus haut du ciel bleu un point noirâtre. Il s'arrête, il regarde. Le point noir grossit; c'est un *vautour*, un *milan*, un oiseau de proie enfin. Notre maître coq pousse un autre

cri, cri d'alarme cette fois : la poule et les poussins, avertis
du péril, se hâtent de rentrer au poulailler; mais lui, lui,
mon coq, l'œil ardent, la crête haute, il reste dehors, piéti-
nant d'audace guerrière; aiguisant ses ergots, il s'apprête au
combat pour défendre sa famille !

« Jadis, mes bons petits amis, nos pères les Gaulois avaient
adopté le coq comme leur représentant parmi les autres
êtres de la création; ils portaient un coq sur leurs drapeaux;
ils avaient même donné leur nom au coq. ou ils avaient pris

Coq et poule.

le sien, je ne sais pas au juste, mais, en latin, le même mot
signifie *coq* ou *Gaulois.*

— *Gallus,* dit Maurice de sa voix la plus magistrale

— Oui, repris-je, *Gallus,* qui veut dire aussi *Français;*
et, pour les représenter, les Français pouvaient-ils mieux
choisir que ce modèle de la vigilance, du courage et du
dévouement? »

Des bravos unanimes, partis de la banquette, et auxquels
les polichinelles eux-mêmes prirent part, accueillirent ces
dernières paroles.

« Vive la France ! » cria Adolphe, dans un élan plein d'en-

thousiasme qui faisait le plus grand honneur à son esprit
patriotique; il est vrai que, dans une de nos précédentes
séances, avec le même élan, avec le même enthousiasme, il
avait crié : Vivent les pommes de terre! »

V

Ce qui, dans la basse-cour avait attiré le plus l'attention

Cigognes rendant le salut.

de Végétalia, et même ses respects, c'était la *cigogne*, l'oiseau
sacré.

« Si notre mère, la grande Magicienne, disait-elle, a voulu
« que son char de voyage fût emporté dans les airs par des
« cigognes; si elle les honore à ce point d'en avoir doué
« quelques-unes du don de l'immortalité; si, faveur plus

« grande encore, elle a daigné leur emprunter son nom,
« c'est que la cigogne représente à ses yeux la maternité
« elle-même, et que notre mère est mère avant tout ! »

« Et les deux sœurs, avant de sortir de la basse-cour,
firent une révérence aux cigognes, qui leur rendirent leur salut
par un mouvement gracieux de leur long cou terminé par un
long bec.

« Disons quelques mots de ce volatile remarquable.

« Amie de l'homme, la cigogne aime à vivre où il vit ;
elle suit le pêcheur le long du rivage , elle suit le laboureur
le long du sillon tracé par la charrue.

« Que ce soit un peu dans son propre intérêt, c'est possible, car elle se nourrit de petits poissons que le pêcheur
lui jette, et aussi des vers de toute espèce que la charrue fait
sortir de la terre. Mais de même elle fait sa proie des autres
reptiles, même des vipères, et par là elle rend de grands services aux pays qu'elle visite.

« Aussi, depuis son adoption par la grande Magicienne,
la cigogne a-t-elle rencontré parmi les hommes non-seulement amitié et protection, mais encore un dévouement presque religieux.

« A l'appui de ses sentiments de maternité et du vif intérêt qu'elle inspire, je vais citer un fait dont j'ai même été
le témoin.

— Attention ! attention !...

VI

« Je passais par Strasbourg, lorsque le feu prit à une cheminée.

« Un feu de cheminée, ce n'est pas là un grand malheur ;
on en vient facilement à bout. Mais sur cette cheminée s'ap-

puyait un nid de cigogne. Si le feu n'éclatait pas au dehors, il suffisait à chauffer terriblement le nid, où quatre petits, qui étaient loin de pouvoir voler encore, se tenaient accouflés sous l'aile de la mère.

« La mère, jugez de son désespoir, mes bons amis !... La chaleur augmentait, elle devenait intolérable. Que pouvait faire la pauvre cigogne ! Prendre ses petits cigogneaux dans son bec et les transporter ailleurs, c'était les étrangler ; ils étaient si jeunes ! Les jeter à bas du nid, c'était leur briser la tête sur le pavé.

« Elle comprenait bien tout cela, la malheureuse mère !

« Enfin, l'instinct de la maternité l'inspire. Quittant brusquement sa couche, elle se met à voler au-dessus en agitant ses grandes ailes. Sous ce courant d'air et de fraîcheur qu'elle envoie à ses enfants, ceux-ci relèvent la tête, redressent le cou : mais voilà qu'un déluge de suie enflammée s'échappe du faîte de la cheminée. Les cigogneaux vont être brûlés vifs ! Non !... La mère a repris sa place de couveuse ; elle étend ses ailes pour protéger ses petits contre cette pluie de feu, et maintenant c'est elle seule du moins que le feu atteindra !...

« Eh bien, mes enfants, Animalia s'était-elle trompée, quand elle parlait de la meilleure des mères parmi les oiseaux ?

« Par bonheur, les habitants de Strasbourg avaient compris ce qui devait se passer dans le nid de la cigogne. Déjà ils étaient accourus ; déjà ils avaient escaladé les toits, appliqué des échelles, et la cigogne et les cigogneaux furent sauvés.

« Il était temps ! la mère avait une aile entièrement brûlée. On la soigna, mais elle demeura infirme, et, ne pouvant plus voler, elle resta dans la ville, ou, de porte en porte, et bien accueillie partout, elle allait demandant sa nourriture. »

« Bien accueillie partout, elle allait demandant sa nourriture. » (Page 230.)

VII

L'histoire du nid incendié intéressa vivement mon jeune auditoire. Adolphe y chercha bien le sujet d'une de ses plaisanteries ordinaires, mais il avait les yeux humides et se

La montre de plomb d'Émilie.

contenta de me demander si j'avais reçu depuis des nouvelles de Strasbourg.

« Oui, lui répondis-je ; j'y suis retourné deux ans après, et j'ai eu occasion de rencontrer dans ses rues la pauvre cigogne mendiante.

— Ah ! bon papa, tu lui as donné quelque chose, n'est-ce pas ? me dit Émilie avec un de ces élans de compassion qui lui sont si naturels.

— Du moins, ma chère Lili, lui répliquai-je en souriant, je ne lui ai pas donné ma montre, comme il y a quelques années tu as fait, toi, à l'égard d'un pauvre homme qui a dû être bien étonné de recevoir en aumône une montre qui, toute neuve, m'avait coûté deux sous, mais qui alors était loin de les valoir. »

La montre de plomb d'Émilie, donnée à un pauvre, égaya beaucoup mes jeunes gouverneurs. Elle inspira un autre sentiment à Marie D..., à Louisette V..., et à quelques autres de mes répétitrices : celles-ci comprirent ce qu'il y avait de touchant dans ce trait de bienfaisance d'un enfant, et s'en émurent presque autant qu'au récit de la cigogne brûlée.

Elle est si bonne, ma bonne Lili !

CHAPITRE VI

I

A la suite de la séance, il nous arrivait souvent, je l'ai dit, de la continuer en famille, même tandis que mes neveux et mes petites-filles se livraient à leurs jeux habituels.

« T'oncle, me demanda Fernand, au milieu d'une partie de volant qu'il venait d'entreprendre avec Hélène, pourquoi donc le canard va-t-il à l'eau, et non pas la poule ?

— Par une admirable prévoyance de la nature, mon Fernandinet, que nous retrouvons partout, et que nous chercherions vainement à nous expliquer, lui répondis-je, le canard a sous le ventre un plumage épais, serré, humecté d'une substance huileuse, qui lui permet de se soutenir sur l'eau sans en être pénétré. De plus, ses doigts, au lieu d'être séparés les uns des autres comme ceux de la poule, sont réunis, comme tu dois l'avoir remarqué, par une peau solide, et lui servent de rames pour se diriger sur l'eau.

— C'est ce qu'on appelle des pattes palmées, inter-

rompit Maurice, que je croyais surtout préoccupé alors de
faire manœuvrer son bilboquet. Oui, *pattes palmées* ; de là
vient leur nom de *palmipèdes*. »

Et il se redressa fièrement.

« Quoi ! *palmipèdes* ! répéta bébé Hélène après lui ; palmipèdes ! Ah bien ! en voilà un mot !

— En effet, lui répliquai-je, c'est là un mot dont je
n'aurais pas osé me servir devant mesdemoiselles vos
poupées ; mais, après tout, il n'est pas plus difficile à

Oie graissant ses ailes.

retenir qu'un autre, et il a l'avantage de s'appliquer
également aux cygnes, aux oies, à tous les oiseaux nageurs
enfin, qui, tous, plus ou moins, font partie de la famille
des canards. De même au coq et à la poule se rattachent,
par bien des côtés, le faisan, la pintade, le dindon, même
le paon : aussi dit-on fréquemment, la poule pintade, la
poule faisane, la poule ou le coq d'Inde ; ce sont des
poules...

— Ou des *gallinacés*, du mot latin *gallina*, qui veut dire
poule, comme *gallus* veut dire *coq*, s'empressa d'ajouter
Maurice.

— Ah ! bon papa chéri, fais finir Maurice ! s'écria Hélène ;
il ne va plus nous parler que latin, et nous allons tous devenir des savants, ce qui sera bien ennuyeux !

— Pourquoi donc ? lui répondit Émilie tout en crayonnant
une légère esquisse sur un coin de table. Petite sœur, quand
tu verras des oiseaux dans une basse-cour, ou au Jardin des
plantes, ou au Jardin d'acclimatation, même dans un dessin, ou dans un tableau, tu ne seras pas fâchée de pouvoir
leur dire, rien qu'en les regardant aux pattes : « Toi, tu es
un palmipède ! toi, un gallinacé ! »

— Je ne leur dirai rien du tout ! »

Et Hélène, d'un air de dédain, secoua sa gentille tête
blonde, et continua sa partie de volant.

« T'oncle, reprit Fernand, et les cigognes ?

— Les cigognes, mon garçon, à cause de ces longues
pattes, sur lesquelles elles semblent perchées comme sur
des échasses, composent, avec les grues, les hérons et quelques autres, la famille des *échassiers*. Cette fois, le mot est
français et Maurice n'a rien à y voir.

— A la bonne heure ! »

Et Hélène, laissant là le volant, déposant sa raquette,
courut décrocher la cage des serins, placés contre la fenêtre,
et, me la présentant :

« César et Cléopâtre, dit-elle (c'étaient les noms donnés
par sa bonne maman au serin et à la serine), César et
Cléopâtre n'ont point d'assez longues pattes pour être des
échassiers ; ce ne sont pas non plus des palmipèdes... tu vois
que j'ai bien retenu les mots, bon papa chéri ; les serins sont
donc des poules ?

— Non, mon enfant. Demande leur nom de famille à
Maurice.

— Oh ! je m'en garderai ! il va nous dire encore du
latin. »

Maurice avait déjà la main au gilet. Cependant sa mémoire sans doute lui faisait défaut, il resta court. Pour le sortir d'embarras :

« Ton cousin te dira que les serins sont tout simplement des *moineaux*, ou plutôt des *passereaux*.

— Du mot latin *passer*, qui veut dire *moineau*, ajouta Maurice en reprenant son aplomb.

— Là ! qu'est-ce que je disais ! exclama Hélène en battant des mains. Ce Maurice, il ne peut pas s'empêcher de parler latin ; c'est plus fort que lui ! »

II

Par le fait, sans trop y songer les uns les autres, nous venions de marquer les grandes divisions naturelles des oiseaux, puisque les *passereaux*, les *gallinacés*, les *palmipèdes*, les *échassiers*, en y ajoutant les oiseaux de proie, ou *rapaces*, forment l'ensemble complet de toute la race emplumée.

Je crus devoir profiter de l'occasion pour donner à ces chers enfants une idée de l'oiseau considéré dans son organisation même, organisation si bien appropriée au rôle qu'il est appelé à jouer parmi les autres êtres de la création.

Ouvrant la porte de la cage, je tendis un doigt à César, qui, selon son habitude, vint aussitôt s'y percher.

Tout en le caressant, je soulevai ses ailes, j'indiquai la forme de sa poitrine, ses différentes couches de plumes si bien disposées par étages, sa queue si mobile, son bec si dur, ses pieds si légers qu'ils ne semblent pas devoir compter dans le poids de sa petite personne ; je dis comment le passereau, destiné à poursuivre les mouches et les insectes nuisibles dont il fait généralement sa nourriture, a sa face

allongée en un bec de corne qui l'aide à fendre l'air avec
plus de facilité.

« Supposons-lui de petites lèvres charnues et roses, de
combien de gerçures, bon Dieu, n'auraient-elles pas été
rayées et ensanglantées quand il lui faut lutter contre
le vent !

« Sa petite poitrine, au lieu d'être aplatie, comme chez
presque tous les autres animaux, ressort en saillie aiguë,
semblable à l'avant d'un navire : le navire et l'oiseau n'ont-
ils pas tous les deux à tracer leur route à travers un élément
qui résiste ? En guise de voiles et de rames, l'oiseau a ses ailes,
fortement attachées à ses petites épaules, et qu'il plie, qu'il
déplie avec une merveilleuse rapidité. Sa queue, qu'il élève,
qu'il abaisse à volonté, devient pour lui un excellent gouvernail.

« L'oiseau (je parle ici surtout du passereau) est donc
un petit navire vivant, qui manœuvre dans l'air, et qu'on
dirait n'être composé que d'air : car, grâce au développement des organes qui lui servent à respirer, l'intérieur de
son corps est tout tapissé d'air ; l'air circule dans les tuyaux
de ses plumes, même dans ses os, restés creux et vides, et
qui, au lieu de moelle, ne contiennent que de l'air. Ainsi
l'oiseau, destiné à vivre dans l'air, n'est, à vrai dire, qu'une
machine aérienne. »

III

Hélène et Fernand avaient quitté leur raquette, Émilie
on dessin, pour se rapprocher de moi et de César, qu'ils
examinaient comme s'ils ne l'avaient jamais vu, et qu'ils
dussent, à force de le regarder, voir circuler l'air jusque dans
ses os creux.

« Mais, bon papa, dit tout à coup Émilie en sortant de sa contemplation, si César et Cléopâtre doivent tant aimer à courir dans l'air, à voler dans l'air, pourquoi donc les tiens-tu renfermés dans une cage, ces pauvres petites bêtes ? »

C'était presque une accusation d'injustice, de tyrannie et de détention illégale que ma bonne Lili lançait contre moi. Réduit à me défendre :

« Les serins, lui dis-je, ne pourraient supporter le froid de nos pays ; il y a donc, dans leur propre intérêt, nécessité de les recevoir dans nos maisons et de chauffer le poêle pour eux. Du reste, mon enfant, tu dois t'en être aperçue, César et Cléopâtre ne se déplaisent pas trop dans leur prison, puisqu'ils y élèvent gaiement leur famille, et ils n'en veulent pas trop à leur geôlier, puisque au moindre signe ils accourent pour recevoir mes caresses.

— Ce sont des passereaux domestiques, dit Maurice, qui tenait encore son bilboquet à la main, mais n'aurait pas demandé mieux que de rentrer dans son rôle de professeur.

— Maurice a raison, répliquai-je. Si, parmi les plantes mêmes, nous en avons compté un assez bon nombre qui aiment à se rapprocher de nous, pourquoi n'en serait-il pas ainsi de certains moineaux ? Et il en est ainsi, mes enfants.

Hirondelle.

« L'*hirondelle*, quoique voulant rester libre, recherche cependant la société de l'homme, et vient gîter sous son toit. Le *rossignol* veut nous avoir pour auditeurs quand il entonne ses concerts. La *bergeronnette* suit nos troupeaux, fait la guerre aux mouches qui les incommodent, et vit en bon rapport avec le berger. Le *rouge-gorge* vient, l'hiver,

Le rouge-gorge, vient, l'hiver, frapper du bec à notre fenêtre, et nous demander
la nourriture et un abri. (Page 240.)

frapper du bec à notre fenêtre, et nous demander la nourri-

Rossignol

ture et un abri; l'été, il regagne les bois, mais c'est pou y

Rouges-gorges.

vivre près de son autre ami, le bûcheron; le *moineau franc*,

le *pierrot*, comme nous l'appelons, fréquente plus volontiers encore les villes que les campagnes ; et combien de
fois, aux Tuileries ou au Palais-Royal, ne l'avez-vous pas
vu venir effrontément se percher sur les bâtons de votre
chaise, ou becqueter sous vos pieds la miette de pain que
vous aviez laissé tomber.... pour lui, peut-être.

« Bien d'autres passereaux habitent nos volières, s'habi-
tuent à notre présence, s'en réjouissent, répondent à notre

Bergeronnette.   Moineaux.

appel, se laissent instruire par nous, et répètent les airs que
nous leurs apprenons.

« Ah ! si l'homme était toujours bon envers les animaux,
tous les animaux, je crois, l'aimeraient et voudraient l'avoir
pour maître. Quoi qu'il en soit, vous le voyez, mes enfants,
s'il compte des amis parmi les palmipèdes et les échassiers,
témoin l'oie et la cigogne, il en compte de même parmi les
passereaux, témoin la bergeronnette, le rouge-gorge, l'hirondelle, le pierrot et le serin. Je conclus en vous disant :
« Aimons qui nous aime. »

Et, après avoir donné un baiser à César, je le fis rentrer
dans sa cage.

IV

Pendant le reste de la journée, on n'entendit guère parler dans la maison que de *gallinacés*, de *passereaux*, de *palmipèdes*, d'*échassiers*, et ces grands mots qui d'abord avaient tant effrayé Hélène et Fernand, ils en assourdissaient maintenant leurs mères et leurs bonnes. Ils ne devaient plus les oublier, j'en réponds.

Ces mots, répétés par tous les échos du salon et de la cuisine, arrivèrent jusqu'au fond de la loge de madame Lestrigon ; la bonne femme s'en inquiéta quelque peu, supposant que ces noms étrangers étaient ceux de bêtes féroces, récemment échappées de la Ménagerie.

V

L'heure du dîner venue, de la part des enfants ce furent des questions à n'en pas finir sur tous les oiseaux de leur connaissance. Fernand affirmait que je savais le langage des oiseaux comme celui des fleurs. « Comment fait le rougegorge quand il frappe à la vitre ? — Et la bergeronnette ? — Et le bouvreuil ? »

C'était à ne savoir à qui répondre ; aussi, je ne répondais pas.

Nous achevions le dessert, lorsque bébé Hélène m'apostropha de nouveau :

« Ah ! bon papa chéri, tu tournes ta bouche ! bien sûr, tu penses à quelque chose de drôle !

— Oui, ma fille, je pense à vous régaler d'un conte, qui est dans ma mémoire depuis bien longtemps, et qui répondra en partie à toutes vos questions.

— Un conte! Bravo! bravo!

— Bon papa chéri, est-ce un conte de fées?

— Oui, ma fille.

— Commence-t-il par : « Il était une fois.... »

— Il commencera ainsi, mon enfant, puisque tu sembles le désirer. »

Et je débutai ainsi :

VI

« Il était une fois une paire de bretelles.:... »

Une bruyante interruption me coupa la parole.

« Jamais je n'ai entendu parler de bretelles dans un conte de fées, » dit Émilie.

Je repris :

« IL ÉTAIT UNE FOIS UNE PAIRE DE BRETELLES QUI IMITAIT A RAVIR LE CHANT DES OISEAUX.

— Ah! c'est trop fort! s'écria bébé Hélène; bon papa chéri, tu veux rire!

— Oui, ma fille; nous ne sommes pas en classe, et je peux dire ici tout ce qui me passe par la tête.

— Écoutez, écoutez, mes enfants, dit la bonne maman; je sais de quoi il s'agit, moi, et la paire de bretelles vous intéressera plus que vous ne pensez. »

Voici le conte :

CHAPITRE VII

I

Jardinier de son état, un jeune garçon de seize à dix-sept ans venait, pour la première fois de sa vie, de quitter son village, à la recherche d'une place.

Bien innocent, bien ignorant, n'ayant jamais mis le nez dans un livre, car on avait négligé de lui apprendre à lire, il ne savait guère que planter des choux et dénicher des oiseaux ; du reste, il était d'une simplicité telle qu'il croyait à toutes les sottises, à tous les contes qu'on lui avait débités dans son pays.

Comme il traversait un petit bois, il vit une foule d'oiseaux de toutes sortes accourir à sa rencontre ; quelques-uns même le suivaient en sautillant, en battant de l'aile, ou, se perchant aux branches sur son passage, ils le regardaient curieusement, sans paraître le moins du monde s'effrayer de sa présence.

La cause, la vraie cause de cette familiarité, c'est que notre innocent portait une paire de bretelles dont chaque boucle avait à sa base un petit rouleau de cuivre destiné à faciliter le jeu des pattes de la bretelle ; et, à chaque mouvement qu'il faisait en marchant, on entendait le bruit de la roulette, absolument semblable au cri d'un oiseau ; voilà ce qui avait attiré tant d'oiseaux sur ses traces.

Tout dénicheur qu'il était, il n'aurait su distinguer un merle d'une fauvette ; il essaya d'en saisir quelques-uns, pour mieux les juger de près ; mais ils ne se laissaient pas prendre si facilement, et, à son tour, c'est lui qui les poursuivait, lorsqu'une belle fille, aux yeux bleu de faïence, aux longs cheveux, brillants comme l'or, et portant une grande cage à la main, lui apparut soudainement au détour d'une allée.

II

Quoique alors sa voix fit entendre des sons multipliés, tantôt graves, tantôt aigus, elle ne chantait pas ; elle sifflait, elle roucoulait, elle fredonnait, et tous les oiseaux de laisser là le jeune garçon pour courir à elle ; et, à mesure qu'ils se présentaient, s'emparant d'eux sans qu'ils fissent résistance, elle semblait les cueillir, comme elle eût fait des fleurs du bois ; parfois, d'eux-mêmes, ils entraient volontairement dans sa cage.

Le jeune garçon ne douta pas d'avoir devant lui une fée, LA FÉE DES OISEAUX.

Émerveillé de sa beauté, de ses yeux bleu de faïence, de ses joues roses, de ses cheveux d'un blond ardent, il levait, coup sur coup, ses bras en signe d'admiration, et à chacun de ses mouvements la petite roulette faisait son jeu, chantait son air.

La Fée vint droit à lui :

« Vous m'avez volé un oisillon ; je l'entends qui crie sous votre gilet ! »

Et, avant toute explication, elle lui donna un soufflet,

Il en vit trente-six chandelles. (Page 251.)

net, vigoureux et retentissant, lui prouvant d'un geste
qu'elle était aussi forte que belle. Il en vit trente-six chandelles, à travers lesquelles les cheveux de la Fée lui semblè-
rent jeter des flammes. Du même temps, elle le tira si
violemment par son gilet, qu'elle en fit sauter tous les boutons.

Il faut le reconnaître cependant, mes amis, la Fée était
loin d'être une méchante fille. Voyant qu'il ne s'agissait
que de bretelles et non d'oiseaux, elle eut regret de sa vivacité, et, sortant d'un sac de cuir, suspendu à sa ceinture, une
aiguille et du fil, elle se mit en devoir de raccommoder le
gilet. Bientôt une conversation s'établit entre eux.

De quoi, je vous le demande, pouvaient causer la Fée des
Oiseaux et un dénicheur d'oiseaux, si ce n'est d'oiseaux ?

Notre dénicheur, je l'ai déjà fait entendre, était loin d'avoir
la science du métier.

III

Il l'interrogea tour à tour sur ceux-là qui font leurs nids
soit dans les haies, soit dans les arbres, sur les vieux murs,
ou à terre et dans les broussailles.

La Fée eut réponse à tout.

« En fait de broussailles, dit-elle en continuant de ratta-
cher les boutons du gilet, la ronce joue le beau rôle à l'égard
des passereaux ; la ronce, c'est comme qui dirait une auberge
pour eux, une bonne auberge du bon Dieu, ouverte à tous
ceux qui ont besoin d'un gîte. Sont-ils poursuivis par quelque
méchant oiseau de proie, ils se réfugient sous ses longues
tiges, si bien entremêlées, si bien armées d'aiguillons: là,
ils peuvent nicher à l'aise ; à l'heure des repas, la ronce leur
fournit ses mûres sauvages ; grâce à ses épines, en forme

de crochet, elle retient pour eux quelques brimborions de
laine aux troupeaux qui passent; puis un crin par-ci puis
une plume par-là; voilà de quoi établir la couchette pour
les petits. Ne vous disais-je pas vrai? la ronce est l'auberge
des moineaux; ils y trouvent à la fois bon gîte, bon lit et
bonne table. »

IV

« Mais, jeune homme, dit alors la Fée en s'interrompant
dans son discours comme dans sa besogne de couturière,
pour prendre plaisir à me faire ainsi babiller, vous aimez
donc beaucoup les oiseaux?

— J'aime à les dénicher, répondit l'innocent villageois.

— Un dénicheur d'oiseaux! horreur! s'écria-t-elle en se
levant furieuse; quoi! petit misérable, tu ne crains pas d'offenser le bon Dieu en dérangeant son ouvrage! Toucher à
un nid de fauvette ou de rossignol, c'est ôter au printemps
sa musique et compromettre la moisson du laboureur! Et
moi qui, bonnement, bêtement, m'amusais à lui désigner les
endroits où il pourrait avec le plus de facilité accomplir ses
méchantes actions, le sournois, l'hypocrite, le scélérat! »
Tout en parlant ainsi, elle s'avançait vers lui, la main
levée; un second soufflet, non moins bien résonnant, non
moins bien appliqué que le premier, allait suivre; mais ce
que le pauvre dénicheur d'oiseaux redoutait le plus, ce n'était
pas le soufflet; il commençait à s'y faire; c'était de s'attirer
la haine et le mépris d'une si puissante fée, qui avait de si
beaux yeux bleu de faïence et de si beaux cheveux rouges à
reflets d'or.
Il était tombé à genoux devant elle, jurant par son patron
et tous les autres saints du Paradis de ne plus retomber en

faute ; et il avait une mine si piteuse et des clignements d'yeux si drôle, que la Fée ne douta pas de son repentir, mais elle eut grand'peine à s'empêcher de lui rire au nez.

Ressaisissant son fil et son aiguille, elle ordonna au jeune homme de se relever, lui sourit même, et poussa la bonté jusqu'à l'inviter à venir s'asseoir auprès d'elle, sur l'herbe.

V

Dans le mouvement qu'il fit pour s'asseoir, la roulette recommença son jeu,

« Tiens ! dit la Fée, vos bretelles imitent en ce moment, à s'y méprendre, le cri du rouge-gorge ; elles font : *tirit ! tiritit !* »

Le jeune homme la supplia, les mains jointes, de lui apprendre le langage des oiseaux.

Elle y consentit.

« La plupart des oiseaux, lui dit-elle, ont un cri qui leur sert à s'appeler, un autre à se répondre.

« Ainsi le cri d'appel du BRUANT est *pi !* son cri de réponse : *zizi !*

« L'ALOUETTE DES CHAMPS fait *pipit,* et répond : *priou, priou, pipriou !* L'ALOUETTE

Alouettes.

DES BOIS fait *bédoulé ! bédoulé !* et répond : *lu... lu... lu... lu.*

« La MÉSANGE dit *titigu ! titigu ! titigu !* et répond : *stiti ! stiti !*

Le PIVERT crie *tiacacan* d'une voix aiguë et dure, et répond d'une voix douce et traînante : *plieu! plieu! plieu!*

Mésange.

« Le ROUGE-GORGE dit *uip! uip!* et répond : *tirit, tiritit, tiritilit!*

« Le ROITELET, *zul! zul!* et répond : *zalp!*

Coucou.

« La FAUVETTE A TÊTE NOIRE dit *tack!* la FAUVETTE BABILLARDE, *bjie! bjie!* leur réponse à toutes deux est *clap!*

« Bien des oiseaux n'ont qu'un même cri pour l'appel comme pour la réponse. La BERGERONNETTE dit *titreu! titreu!*

« Le MOTTEUX, *far-far! farfar!*

« Le TRAQUET, petit passereau toujours remuant fait *ouistrata!*

« Le PIERROT, *tui! tui!* comme le BOUVREUIL.

« Le COUCOU répète son nom : *cou-cou! cou-cou!*

Caille.

« La CAILLE, un oiseau de bon conseil, dit : *paye tes dettes !
paye tes dettes !*

Hibou.

« Le HIBOU, lui, quand vient le soir, attriste les bois de son
cri maussade, réglé comme un battant d'horloge : *clou !...
clou !... clou !*

« Le ROSSIGNOL dit *tio.... tio.... tio.... tio*. La GRIVE, *zipp.... zipp*.

« Au surplus, reprit la Fée, ouvrez la cage vous allez voir ! »

Et quand le jeune homme eut ouvert la cage, elle se mit à répéter sur tous les tons ses cris d'appel *titigu ! — zul ! zul ! — zizi ! — uip ! uip ! — pipit ! titreu ! titreu ! — tui ! tui ! — farfar ! farfar !* et tous les oiseaux, alouettes, mésanges, rouges-gorges, bergeronnettes, rossignols, bouvreuils, et chardonnerets, accourant à sa voix, se perchèrent sur ses genoux, sur ses épaules, sur sa tête, en battant des ailes et en poussant des cris joyeux : il semblait qu'une nuée vivante, chantante, voletante, venait de s'abattre sur elle.

Notre garçon aux bretelles restait frappé d'admiration.

La Fée se leva ; tous les boutons du gilet étaient rentrés à leur place. Elle adressa au jeune homme un geste d'adieu. Cependant, avant de disparaître à ses yeux, soit en prenant elle-même son vol, soit dans un nuage.... de poussière :

« A propos, lui dit-elle, est-ce que vous n'avez pas un autre état que celui de dénicheur d'oiseaux ?

— Je suis jardinier, lui répondit-il, garçon jardinier sans ouvrage. Depuis quinze jours je cherche une place, et j'ai grand'peine à la trouver..., Oh ! madame vous qui êtes fée !....

— Suivez-moi ! » lui cria-t-elle.

Il la suivit.

VI

Dix minutes après, Guillaume m'était présenté par la Fée, qui l'avait pris sous sa protection, et je l'engageais en qualité de garçon jardinier.

« Quoi ! Guillaume ! c'était Guillaume ! exclamèrent à la fois Émilie, Hélène et Fernand. — Mais la Fée ? la Fée aux Oiseaux ?

— La Fée aux Oiseaux, mes amis, leur répondit la bonne maman, vous la connaissez aussi ; vous faites mieux que la connaître, vous l'aimez, et depuis longtemps.... Tenez, la voici ! »

En ce moment, Scolastique entrait dans la salle à manger.

« C'est Scolastique ! j'allais le dire ! s'écria Fernand ; j'allais le dire à cause de ses cheveux.... »

Il acheva la phrase à l'oreille de son zouave.

« Oui, repris-je, le dénicheur d'oiseaux, l'homme aux bretelles, c'était Guillaume ; la Fée, c'était votre bonne Scolastique, alors ma fille de basse-cour, et qui, en même temps que de mon coq et de mes poules, prenait soin de ma volière. Elle s'y entendait très-bien, je vous assure, et nul ne l'a surpassée dans l'art d'élever, d'apprivoiser les mésanges et les chardonnerets.

« Ce jour-là, par mégarde, elle avait laissé la porte de sa volière ouverte ; ses petits pensionnaires envolés, elle courait à leur recherche, lorsque, dans le petit bois situé derrière la maison, elle fit la rencontre de Guillaume, qui, plus tard, devenait en même temps et mon maître jardinier et le mari de Scolastique.

« Aujourd'hui, après vingt ans de mariage, l'innocent villageois et la Fée bénissent encore l'heure où tous deux se sont rencontrés dans le petit bois ; il s'aiment, ils sont heureux ; et à quoi doivent-ils leur bonheur ? A ce que : « Il « était une fois une paire de bretelles qui imitait à ravir « le chant des oiseaux. »

Aux oiseaux, ce jour-là, tout notre temps avait été consacré. Le soir, à la maison, on entendait un peu moins parler de palmipèdes et de gallinacés, mais les enfants entre eux ne s'interpellaient plus que par des *uip! uip!* des *far! far!* des *titigu!* des *priou! priou!* et Scolastique se vit contrainte de réveiller sa mémoire pour compléter mon conte, et de redevenir, quelques instants encore, la FÉE AUX OISEAUX.

CHAPITRE VIII

Un matin, je reçus une lettre portant sur son enveloppe le mot : INVITATION. Je l'ouvris ; elle était de madame D..., la mère de cette charmante Marie, ma répétitrice de première classe. J'y lus ce qui suit :

« 25 février.

« Cher Monsieur,

« Minette, la poupée de ma fille, s'est mis en tête de donner un bal dimanche prochain, un bal de poupées, par conséquent d'y inviter Zéphirine, Zelmaïde, Bijoute, Frivolette, Artémise et les autres, ainsi que les petits messieurs pierrots et polichinelles, ses camarades d'école, si toutefois, à cette époque de carnaval, ils ne sont pas retenus pour les cérémonies du bœuf gras.

« Là où les élèves se trouvent le professeur ne doit pas craindre de se montrer ; c'est presque un devoir pour

lui; je ne vous en saurai pas moins un gré infini, cher
Monsieur, de vouloir bien honorer cette petite fête de votre
présence.

« Votre dévouée servante,

« F° D.... »

Lorsque j'annonçai cette bonne nouvelle à mes petites-
filles, tout en s'en réjouissant, elles s'inquiétèrent aussitôt
de leur toilette et de celle de leurs poupées; bébé Hélène
n'avait jamais été à un bal invité et s'imaginait qu'elle n'y
pouvait paraître qu'avec une robe lamée d'or, et des plumes
aussi hautes qu'elle sur sa tête.

Émilie, plus raisonnable, voulait bien se contenter de
sa robe de mousseline blanche, avec un ruban bleu pour
ceinture, et des souliers de satin; mais Zéphirine, mais
ses autres filles, à qui la fête était particulièrement destinée, possédaient-elles un habillement convenable? Elles
avaient porté tous les jours leurs plus belles robes, même
pour aller à la classe! Émilie le regrettait maintenant,
mais pouvait-elle les mener au bal avec leurs robes de tous
les jours, avec des robes que tout le monde connaissait?
c'était impossible!

« Impossible! répétait bébé Hélène; Zelmaïde n'y serait
pas reçue avec son bonnet à la cauchoise!

— Pas plus que la Vergnate avec son chapeau de campagnarde, reprenait Émilie; ce serait humiliant pour nous!
moi, d'abord, je préfère n'y pas aller; bonne maman se
chargera de les y conduire! »

II

L'affaire était grave; je fis appeler les mères. Nous
tînmes conseil. Il fut décidé que, puisque nous étions en

plein carnaval, on donnerait aux poupées des costumes travestis, la princesse Zelmaïde garderait son bonnet à la cauchoise et se transformerait en paysanne cauchoise des pieds à la tête. Ce serait au tour de la Vergnate de devenir princesse, en récompense de ses vertus et de sa modestie ; un dénoûment moral à la façon des contes de fées. Zéphirine, Bijoute et Artémise, avec un riche costume de cour, figureraient en qualité de ses dames d'honneur.

Quel triomphe pour les poupées de carton !

Quant à Frivolette, à Calembredaine, on en ferait ce qu'on pourrait, des pierrettes ou des dames polichinelles.

La bonne maman se hâta d'aller faire part à ses petites-filles de la décision. Elles en furent enchantées ; l'idée de voir Zéphirine et Bijoute en dames de la cour les ravissait ; et l'élévation subite, inattendue de la Vergnate ne leur causa qu'une agréable surprise, car toutes deux l'estimaient infiniment.

Le reste de la semaine fut employé par les deux mères à courir chez les fournisseurs de poupées, pour se procurer les étoffes et les objets nécessaires.

III

Le matin du grand jour, qui n'était rien moins que le dimanche gras, tous les costumes étaient prêts et endossés.

Son Altesse la Vergnate portait une magnifique robe de velours rouge, avec corsage d'hermine, et sur sa tête une couronne de papier doré, du plus bel effet. Je dois le dire, ainsi équipée, elle paraissait fort embarrassée de son maintien.

De ses trois dames d'honneur, deux, Bijoute et Artémise,
avaient des robes de soie garnies de fourrure, des collerettes
de dentelle, et, dans leurs cheveux, des fleurs et de ces
plumes follettes appelées *marabous*. La troisième, Zéphirine,
habillée de gaze rayée d'argent, portait sur sa tête une petite
toque, accompagnée d'un oiseau de paradis très-bien imité.

Marabou.

Je pensais en avoir à tout jamais fini avec les oiseaux,
mais les plumes follettes de Bijoute et d'Artémise, l'oiseau
à longue queue de Zéphirine, sont, en fait de toilette, des
objets de haute importance.

Je dis donc quelques mots sur le *marabou*, espèce de cigogne, qui se rencontre en Afrique comme en Asie, et dont
les flancs sont garnis de cette longue mousse plumeuse dont,

en ce moment, se couronnait le front de porcelaine des deux dames d'honneur de la princesse.

« Quant à l'*oiseau de paradis*, mes enfants, ajoutai-je, assez mince personnage de sa nature, il se trouve souvent fort embarrassé de son riche habillement, comme fait ici, je crois. notre brave Vergnate ; car, dans les forêts de l'Inde,

Oiseau de paradis.

son séjour habituel, si le vent vient à souffler un peu fort dans tout ce luxe de plumage, il le fait rouler, tournoyer sur lui-même au milieu des airs comme un toton. »

L'occasion me parut favorable pour donner un complément à mon chapitre sur les oiseaux.

« Je vous ai déjà parlé de l'autruche, repris-je ; l'autruche, le paon, le faisan doré, le marabou et l'oiseau de paradis. certes, ce sont là les grands seigneurs de la plumasserie; mais combien d'autres oiseaux, depuis l'aigle jusqu'au perroquet, depuis l'oiseau-mouche jusqu'au dindon lui-même, nous fournissent encore soit des ornements, soit des objets d'utilité ; les plumes de nos élégantes, les plumets de

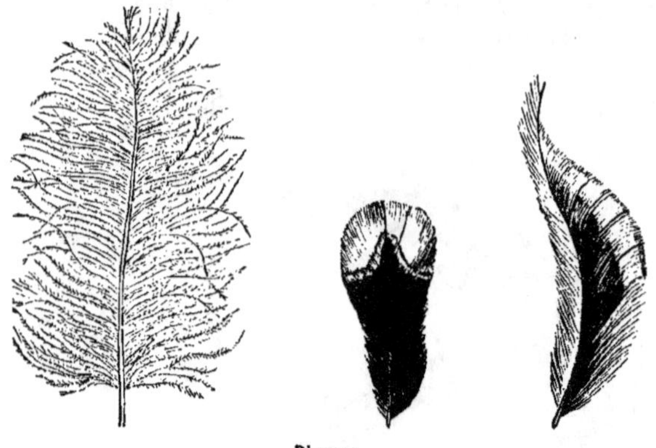

Plumes.

nos soldats et les plumeaux de nos ménagères sont là pour en porter témoignage, sans compter les aigrettes de nos géné-raux et les plumes de coq de nos officiers. »

IV

« Je conçois, dit la jeune mère, en s'adressant à Émilie, que votre professeur mette une grande importance à ce que vous puissiez répondre exactement sur tout ce qui compose la toilette de vos filles. Madame D.... est capable de vous questionner à ce sujet, et quel affront pour le bon papa si vous alliez rester devant elle bouche béante !

— J'ai bien envie, reprit la bonne maman, de vous ques-tionner avant madame D.... pour savoir un peu comment vous vous tirerez d'affaire ce soir.

— Ce soir nous allons au bal et non à l'école, répliqua bébé Hélène, toujours en garde contre ce qui ressemblait trop à une leçon.

— Mais au bal on cause souvent toilette; voyons, voyons, mes enfants. »

Et l'interrogatoire commencé par la bonne maman fut continué par la jeune mère. Il comprit les étoffes de fil et de laine, aussi bien que celles de soie et de velours; les plumes, les gants, les rubans, les chaussures même eurent leur tour. Les réponses furent satisfaisantes. Les interrogatrices avaient quelque peu douté du succès de mes causeries de l'école; elles en reconnaissaient maintenant les bons résultats, elles y applaudissaient, elles étaient enchantées, mais dans leur ardeur elles finirent par pousser les questions trop loin.

Bijoute avait son chignon retenu par un superbe peigne d'écaille, surmonté d'un rang de petites boules de corail.

« Qu'est-ce que l'*écaille?* qu'est-ce que le *corail?* demanda la bonne maman à Émilie.

— Pardon! dis-je en l'interrompant, ne lui en ayant pas encore dit un mot, je me vois forcé de répondre pour elle. C'est là une double question que je me proposais de traiter en parlant des productions de la mer, l'écaille provenant surtout de la grande tortue de mer.

« Oui, ma fille, dis-je à Émilie, et que ta mémoire fasse son profit et de la demande et de la réponse.

« L'écaille est cette peau dure et brillante qui recouvre par plaques le corps de toutes les tortues, animaux que vous connaissez bien pour les avoir rencontrés dans les fables de la Fontaine d'abord, et, dernièrement encore, derrière la vitrine de Chevet, le marchand de comestibles, devant laquelle vous m'avez forcé de rester une

Tortue.

demi-heure à les contempler, mangeant quelques brins de salade.

« Ces plaques d'écaille, on a trouvé moyen de les amollir, même de les fondre et de les transformer en de jolis coffrets, en tabatières, en bonbonnières, en lames d'éventail, et enfin en un peigne, orné de corail, pour mademoiselle Bijoute, aujourd'hui dame d'honneur d'une princesse auvergnate.

« Quant au *corail*, c'est une substance pierreuse produite par une foule de tout petits, tout petits animaux marins, si faibles, si mous, qu'on les écraserait en les touchant du bout

Corail.

de l'ongle. Cependant ils ne se contentent pas de contribuer à l'enjolivement du peigne d'écaille de Bijoute, ils construisent solidement, comme vous pouvez le voir, si solidement que les habitations de ces petits êtres, se multipliant en nombre immense sous la mer, y forment comme de petites forêts pétrifiées devant lesquelles les flots viennent se briser, et par malheur, quelquefois aussi les vaisseaux. »

La nacre, l'ivoire, les perles, entraient aussi pour leur part, soit en colliers, soit en bracelets ou en boucles d'oreilles, dans les ajustements de Zéphirine, d'Artémise, même de Frivolette et de Calembredaine. Nouvelle explication indispensable.

V

« La *nacre* est cette matière d'un blanc luisant et azuré,

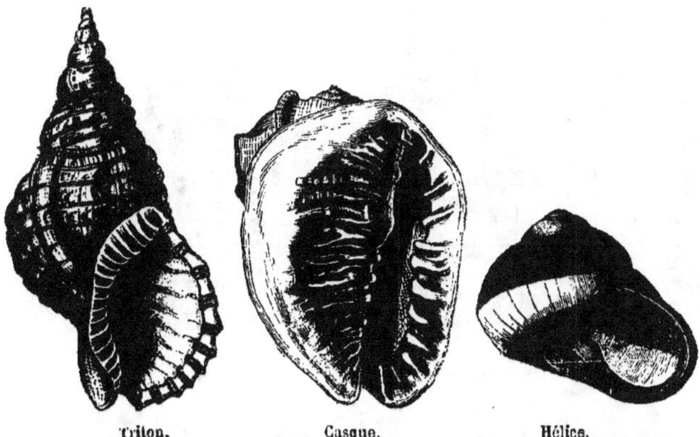

Triton.   Casque.   Hélice.

parfois épaisse et abondante, qui revêt l'intérieur de certains

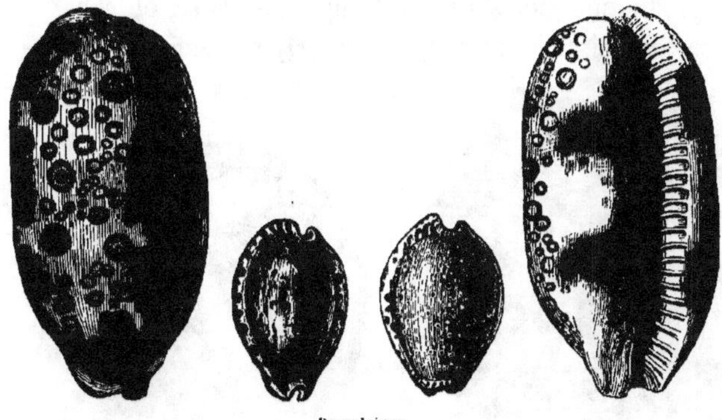

Porcelaines.

coquillages de mer, tels que les *tritons*, les *casques*, les *hélices*, les *porcelaines*, les *volutes*, coquillages justement aimés de l'enfance, à cause de leurs belles formes et de leurs belles couleurs.

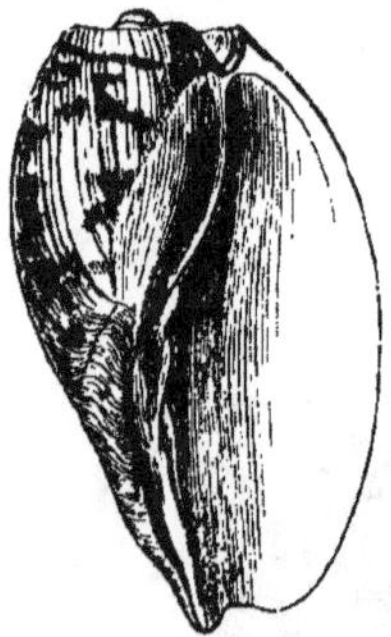

Volute.

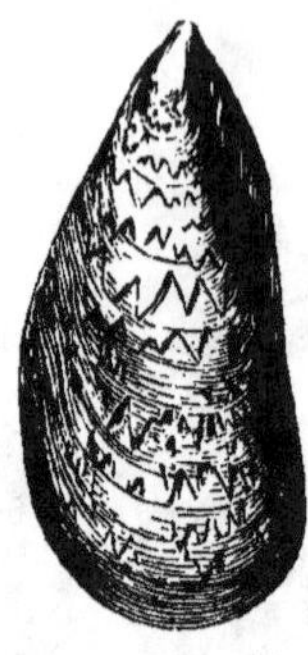

Moule d'Algérie.

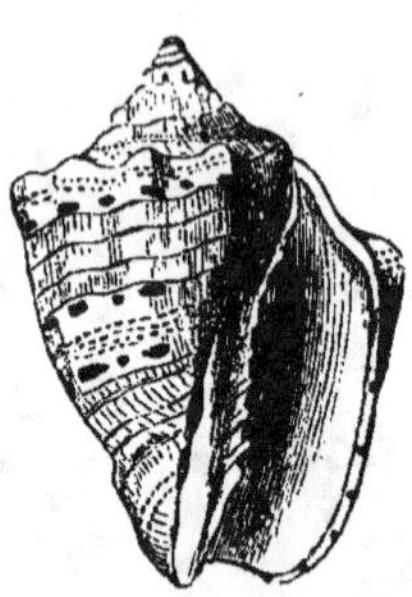

Volute.

« Les *perles*, ce sont des coquillages encore qui les produisent. Les huîtres et les moules se distinguent dans ce genre de production ; mais il s'agit là de *perles fines*, et, sans offenser ces demoiselles, je soupçonne fort, non sans motifs,

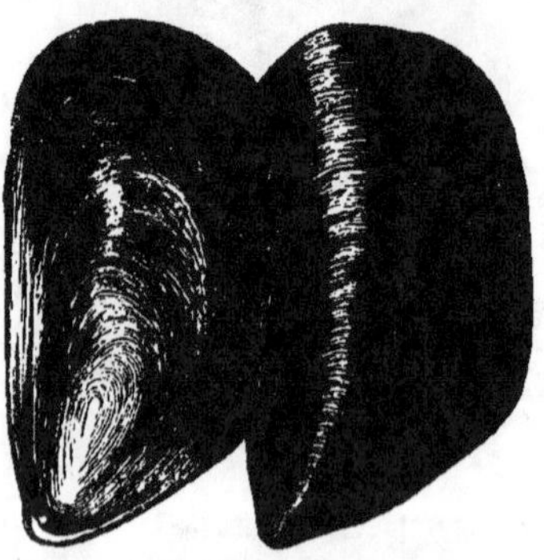

Moule commune.

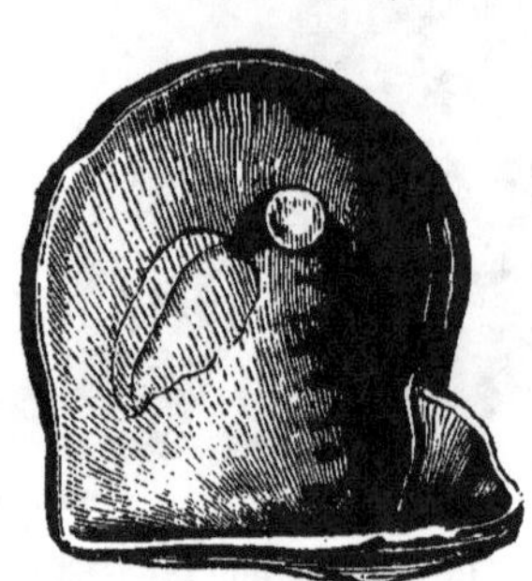

Huître perlière.

que leurs colliers et leurs boucles d'oreilles n'appartiennent pas à cette fabrique de premier ordre. Elles proviennent, non d'un coquillage, mais d'un petit poisson de nos rivières,

l'*ablette* dont les écailles argentées, et qui se détachent facilement, deviennent sous des mains habiles ce qu'on appelle
des *perles fausses*.

« Donc, mes enfants, les producteurs des perles fines et
ceux des perles fausses, vous les connaissez ; vous en avez
mangé.

VI

« Il n'en est pas ainsi des producteurs de l'*ivoire*, que vous
connaissez aussi cependant ; vous les avez vus au Jardin des
plantes ; mais jamais n'ont figuré sur notre table ni un gigot
d'éléphant ni une entre-côte d'hippopotame.

Éléphant.

— Comment, bon papa chéri, me dit Hélène, ce sont des
éléphants et des hippopotames qui donnent l'ivoire ? L'ivoire,
c'est donc leurs os ?

— Non, petite sœur, lui répondit Émilie, ce ne sont pas leurs os, ce sont leurs dents qui donnent l'ivoire ; de grosses dents qu'on appelle des *défenses*, et qui leur sortent bien en dehors de la bouche.

— Ça doit leur être incommode pour manger, se contenta de dire Hélène. C'est égal, ajouta-t-elle, ça me paraît drôle

Hippopotame.

que le bon Dieu ait créé des bêtes aussi grosses et aussi laides rien que pour donner une broche et des bracelets à Frivolette !

— Non, chère petite, lui dit sa mère en l'embrassant, ce n'est pas absolument pour Frivolette que Dieu a compris les éléphants et les hippopotames parmi les êtres de la création ; il a eu d'autres vues sur eux ; ton bon papa t'expliquera

cela plus tard. Du reste, il y a des animaux bien plus gros,
bien plus grands que ceux-là et qui fournissent certains objets
de toilette aux poupées; cela s'est vu !

— Ah ! petite mémé, tu veux rire ! dit Hélène ; des bêtes
plus grosses qu'un éléphant, il n'y en a pas.

— Et les baleines ! ne sont-ce pas ces animaux énormes,
monstrueux, qui nous donnent les buscs, lames souples et
solides tout à la fois que nous mettons à nos corsets, et qui
portent ce même nom de *baleines ?* Zéphirine, la grande

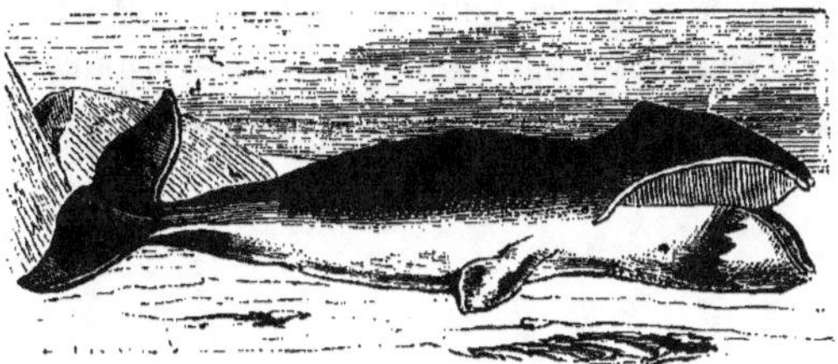

Baleine.

poupée, la fille aînée de ta sœur, porte d'ordinaire un corset
à baleine. Cela prouve-t-il que le bon Dieu ait créé les
baleines pour Zéphirine, comme les éléphants et les hippopotames pour Frivolette ? Non, mon enfant, cela prouve
seulement que Dieu a doué l'homme d'une intelligence assez
grande pour qu'il fût à même de tirer profit, à sa convenance,
de tous les objets et de tous les êtres créés ; c'est pour cela
que tu ne saurais trop l'aimer, le remercier chaque jour de
ce que tu lui dois, et tu lui dois tout. »

VII

Après avoir laissé les mères faire ainsi une partie de ma
besogne, je crus devoir reprendre la parole pour expliquer

que les *fanons* de la baleine, qui nous procurent cette même
substance semblable à la corne, et dont, outre des buscs, on
fait aussi des ressorts de parapluies, s'ils ne sont pas ses
dents, sortent du moins de sa bouche, ainsi que les défenses
d'ivoire de celle des éléphants, j'allais ajouter que, divisés
en lames, en une infinité de brins, pouvant s'élargir et se
resserrer, ils forment comme un filet dans lequel le monstre
enveloppe, retient cette multitude de petits poissons et de
petits coquillages dont il fait sa nourriture ; mais Scolastique
ne m'en laissa pas le temps. Elle vint annoncer que le dîner
était servi. Nous n'avions pas une minute à perdre. La toilette
des poupées était au complet ; mais, après le dîner, n'avait-
on pas à s'occuper de celle des petites mamans, et aussi de
celle des mères. Heureusement, on dîne vite un jour de
bal. Enfin, à huit heures précises, tout le monde était sous
les armes.

CHAPITRE IX

⁌

Fernand et Maurice étaient déjà partis en avant.

Nous montâmes dans une voiture de place au nombre de douze personnes; c'est beaucoup, et, d'habitude, les cochers n'admettent pas autant de monde. Je dois dire que, dans les douze locataires du fiacre, je compte la princesse, ses dames d'honneur, ainsi que Frivolette, Zelmaïde et Calembredaine.

Arrivés chez madame D..., nous trouvâmes à la porte du salon Minette, la poupée de Marie, Marie elle-même, monsieur et madame D..., pour nous recevoir.

A notre entrée, l'orchestre entonna un air de triomphe. Les instruments, en rapport avec les petits personnages auxquels le bal était particulièrement destiné, n'étaient autres que des jouets d'enfants, des hochets à grelot, des crécelles de bois, des trompettes, des cimbales, des pavillons chinois de fer-blanc, des petits tambours, des mirlitons, des flûtes à un sou pièce ; une paire de pincettes y jouait le rôle de triangle.

Madame D..., toujours gracieuse, mais en cette occasion un peu moqueuse peut-être, me déclara que c'était en mon honneur, pour moi personnellement, comme chef de la première école fondée pour les poupées, qu'avait été exécutée cette symphonie, que j'aurais pu prendre pour un charivari ; n'importe ! si l'exécution n'était pas parfaite, l'intention était excellente, et je m'en montrai reconnaissant.

Du reste, le bal fut charmant.

Outre Pharamond, le zouave et quelques autres de mes élèves, on y avait admis, comme cavaliers, de jeunes polichinelles de bonne maison, entre lesquels un certain Rinaldo se faisait distinguer par son élégance et ses grands airs.

On dansa au piano ; un peu au mirliton.

Les petites mamans tenaient les poupées entre leurs bras dans les chassés-croisés, ou sous la taille dans les avant-deux.

Du côté des poupées, la danseuse par excellence fut Zéphirine ; elle était si légère, et son oiseau de paradis se balançait sur sa tête avec des mouvements si rapides, qu'on eût dit que tous deux allaient s'envoler. Le jeune polichinelle Rinaldo n'eut pas moins de succès qu'elle. Il fit le cavalier seul en exécutant le pas de *la Sabotière* avec tant de grâce et de mesure, que la galerie éclata en applaudissements. Chacun était d'accord que tous deux formaient un charmant couple.

Durant la soirée, à diverses reprises, ils dansèrent ensem-ble ou en vis-à-vis.

Pharamond, aussi gai, aussi jovial que son maître, se distinguait surtout par ses grandes enjambées et ses grosses plaisanteries. Quant à François le zouave, il n'avait pas tardé à s'endormir dans un coin.

II

Je ne saurais passer sous silence la réception faite à la princesse, et la curieuse conversation qui s'ensuivit.

L'orchestre achevait ses derniers accords, lorsque Émilie et bébé Hélène placèrent, en vue de tous, sur un guéridon, Son Altesse la Vergnate, accompagnée de ses dames d'honneur. Ce fut un cri général.

Quand on sut que, la veille, la princesse était encore l'humble servante de celles qui, aujourd'hui, lui faisaient escorte, on voulut voir là une grande leçon de morale : la récompense du mérite, le triomphe de la vertu. Puis, on admira la richesse des costumes. Le corsage d'hermine de la princesse, les belles fourrures qui garnissaient les robes de Bijoute et d'Artémise attirèrent l'attention de quelques connaisseurs.

« Voilà de la martre zibeline, voilà du petit-gris, » disait l'un; « cette garniture de robe est en chinchilla, » disait l'autre.

« Par ma foi ! je ne suis pas fâché de voir ce que c'est que le chinchilla, — dit un troisième, homme grave, décoré du ruban de la Légion d'honneur et d'une grosse paire de moustaches grises, — quand j'étais au régiment, les camarades me disaient souvent : « Capitaine, tu tournes au chinchilla ! » je souriais, je faisais semblant de comprendre, mais je ne comprenais rien. Ils avaient même fini par me donner le surnom de capitaine Chinchilla !... Maintenant je devine comment ma moustache et mes cheveux, qui, en effet, commençaient à se pointiller de noir et de blanc, m'avaient mérité ce beau surnom. Mais quelle espèce d'animal nous donne cette fourrure ? »

Personne ne prenait la parole : « C'est une sorte de gros

rat qui habite les montagnes de l'Amérique méridionale, »
dit un jeune garçon de quinze à seize ans, placé près de lui.

— Oh ! oh ! mon jeune ami, de ce côté vous en savez
donc plus que moi, que moi, le capitaine Chinchilla ? Il est
vrai que dans mon ancien métier de soldat, je n'ai guère eu

Le capitaine Chinchilla.

l'occasion de m'occuper de la toilette des dames ; ainsi, qu'est-
ce qu'une martre ? qu'est-ce qu'une hermine ? je l'ignore. Tout
ce que j'en sais, c'est que les rois, les empereurs, dans les
grandes cérémonies, portent des manteaux d'hermine ; nos
principaux magistrats aussi : il faut que l'animal, pour fournir tant de manteaux, soit gros comme un bœuf ; ce que je

sais, à coup sûr, par exemple, c'est que l'hermine meurt aussitôt que sa blanche fourrure reçoit la moindre tache; c'est là un fait bien connu.

— Mon père m'a cependant affirmé le contraire, riposta le jeune garçon. Pardon, messieurs, de prendre part à votre conversation, ajouta-t-il, mais, par une circonstance particulière, je crois être assez bien renseigné sur les animaux à fourrure. »

Hermine.

Ce jeune homme avait l'air doux et poli; on l'engagea à s'expliquer en toute liberté, aussi bien sur l'hermine et la zibéline que sur le petit-gris.

« L'*hermine* et la *zibeline*, reprit-il, sont, à vrai dire, l'une et l'autre des *martres*, et si les martres ne sont pas grosses comme des bœufs, elles sont du moins plus grosses que des chinchillas, surtout plus allongées. Ce sont des espèces de fouines ou de belettes, par conséquent des animaux voraces et grimpant très-bien aux arbres, où tous deux font la guerre aux oiseaux et aux *petits-gris*, qui ne sont autres que des écureuils des pays froids.

Zibeline.

« La martre zibeline est noire, la martre hermine est blanche, mais en hiver seulement; le reste de l'année elle est de couleur rousse; néanmoins, en toute saison, le bout de sa queue reste noir, et c'est ce petit bout de queue noir que vous voyez placé, de distance en distance, sur le corsage de la princesse.

Petit-gris.

« Quant à cette tache capable de la faire mourir, je n'y peux croire, car la méchante petite bête qu'elle est aime assez le sang pour que sa blanche robe en soit quelquefois rougie, ce qui ne la tue pas, je pense. »

III

Le jeune garçon qui venait de parler ainsi était le fils d'un riche marchand de pelleteries ; voilà pourquoi il savait si bien causer de fourrure. C'est à lui qu'appartenait justement ce même Rinaldo, l'élégant polichinelle, que, d'ordinaire, il ne menait guère dans le monde, si ce n'est à l'époque du carnaval, et dans les bals de poupées.

Le capitaine Chinchilla, homme franc et loyal, ne craignit point de reconnaître son ignorance sur les martres blanches ou noires ; il le remercia de son explication, s'étonnant que, à son âge, il en sût plus long que lui ; puis, apercevant alors Rinaldo, que le jeune garçon tenait à la main, il sourit, prit le polichinelle, l'examina, le fit danser, lui donna de petites tapes sur les joues, et, tout en l'examinant :

« Dieu me pardonne ! dit-il, son chapeau ressemble un peu au chapeau d'ordonnance que je portais quand j'étais dans la gendarmerie ; il a de même la ganse et le galon d'argent ! il est de même en fin castor, si je ne me trompe !... Mais, à propos de castor, jeune homme, vous qui vous y connaissez sans doute aussi bien qu'en hermine et en petit-gris, croiriez-vous qu'un farceur de mon régiment a voulu me faire accroire que ce même animal qui m'avait, pour ainsi dire, servi de chapelier, était aussi maçon et architecte, qu'il se bâtissait des maisons à plusieurs étages, qu'il construisait même des ponts sur les eaux ! Mais, cette fois, je ne m'y suis pas laissé prendre !

— Il en est cependant ainsi, lui répliqua le jeune savant ; mon père, qui a voyagé au Canada, dans les parties les plus froides de l'Amérique, pour acheter des pelleteries, y a rencontré des villages de castors, des établissements où ces animaux, au nombre de deux ou trois cents, se réunissent pour leurs travaux. »

Pensant qu'il n'est jamais trop tard pour s'instruire, l'ancien militaire pria le jeune homme de lui raconter comment les choses se passaient entre castors.

IV

« Le *castor* présente à peu près la forme d'un lièvre, avec un museau plus arrondi ; mais il en diffère essentiellement en ce qu'il peut vivre tour à tour sur la terre et dans l'eau ; il s'en distingue encore par sa queue, large et plate, qui est recouverte d'écailles. »

Après avoir ainsi tracé le portrait de ce curieux animal, notre jeune homme entama leur histoire.

« Les castors, dès qu'ils ont choisi l'endroit où ils veulent s'établir, sur le bord d'un ruisseau ou d'une rivière, rongent au pied un gros arbre du rivage, tant et si bien que l'arbre, en tombant, vient barrer le cours du ruisseau ou de la rivière ; ils font ensuite la même opération à des arbres de moindre taille, que le courant emporte auprès du premier. Quelques-uns de ces derniers, ils les divisent par fragments, tirant parti du tronc comme des branches ; ils s'en font des pieux pour rendre solide leur construction. C'est alors un travail général en dessus et en dessous des eaux ; ils remplissent les intervalles par un mortier qu'ils composent avec un mélange de terre et de sable ; ce mortier, ils le foulent avec leurs pattes, le battent avec leur queue, qui leur sert de battoir. Sur cette même chaussée, ils bâtissent leurs cabanes, variées de formes, car les unes sont rondes, les autres ovales ; celles-ci n'ont qu'un étage ; celles-là en ont deux et même trois, selon que la famille est

Village de Castor.

plus ou moins nombreuse ; toutes ont une cave, ou plutôt un sous-sol ; leur maisonnette aboutissant toujours à deux portes de sortie, la première conduit à l'eau, la seconde à la terre. C'est ainsi que les castors sont à la fois architectes, scieurs de bois, maçons et constructeurs de digues, sans autres instruments que leurs pattes, leurs dents et leur queue écailleuse. Ils ne deviennent chapeliers qu'après leur mort. »

Quand le jeune gouverneur de Rinaldo eut terminé son explication :

« En vérité, c'est admirable ! et je remercie votre polichinelle et vous aussi, jeune homme, qui m'avez mis à même d'apprendre de si belles choses, dit l'ancien militaire ; voyez ce que c'est que l'ignorance ! Malgré ma barbe grise, ou *chinchilla*, comme ils disaient, je risquais fort de me faire moquer pour avoir eu trop de foi aux hermines, et pas assez aux castors. »

<h2 style="text-align:center">V</h2>

La conversation devint générale dans le groupe, dont je fis bientôt partie.

Le capitaine m'ayant alors offert une prise de tabac, en me déclarant, avec quelque orgueil, que c'était du tabac *à la civette* :

« La *civette*, qui donne si bon goût au tabac, lui dis-je, est encore une espèce de martre.

— Comment ?... Je pensais que c'était une plante ! me répondit-il en ouvrant de grands yeux.

— Non pas ! la civette habite l'Afrique et l'Inde, vit de proies vivantes, comme les martres et les belettes, à qui elle ressemble par sa petite taille et sa forme allongée ; elle ressemble à bien d'autres encore ! Elle a le museau pointu, comme celui du renard, les oreilles arrondies en cornet comme celles du chat, les moustaches d'un écureuil ; sa peau est parsemée de taches comme celles du léopard ; le long de son dos se dresse une crinière en brosse, pareille à celle de l'hyène ; sa langue est rude comme celle du chat, et l'on prendrait son cri pour le jappement d'un chien en colère.

— Par ma foi ! c'est une ménagerie complète à elle seule ! dit le capitaine.

— Mais ce en quoi la civette diffère de tous les animaux, repris-je, c'est qu'elle porte sous la queue un petit sac où s'amasse une matière épaisse, d'une odeur très-agréable.

— Plaît-il ?... sous sa queue ? s'écria-t-il en s'arrêtant court au moment où il se disposait à savourer une nouvelle prise, — et c'est de ce parfum que se servent les marchands de tabac pour relever le goût de leur marchandise ?

— Sans doute !

— Merci ! » dit-il en secouant ses doigts et en remettant aussitôt sa tabatière dans sa poche : « je ne me fournirai plus à la Civette ! »

Après qu'on eut beaucoup ri du mouvement de ce brave capitaine, un des nôtres lui rappela, ou peut-être bien lui apprit que la civette n'était pas le seul animal portant un sac aux bonnes odeurs. Le *musc*, le parfum le plus fort, le plus pénétrant, le plus durable, le plus entêtant des parfums, est produit de même, et dans des circonstances à peu près pareilles, par le *chevrotain porte-musc*, qui, lui aussi, est un habitant de l'Inde.

VI

Tandis que cette conversation sur les animaux à fourrures et sur les animaux à parfum avait lieu entre les papas et les bons papas, de l'autre côté, autour du guéridon, un second groupe, composé de quelques-unes de mes répétitrices, accablait Émilie et bébé Hélène de questions sur l'oiseau de paradis et les marabous des dames d'honneur de la princesse.

J'étais ravi, je l'avoue, que l'expérience vînt démontrer à mes chères petites filles qu'au bal on causait souvent toilette, et que c'est faire bien penser de soi que de pouvoir répondre à propos. N'est-il pas aussi honteux de porter sur sa robe ou sur sa tête des choses dont on ne sait pas le premier mot, qu'il le serait de tenir sans cesse à la main un livre dans lequel on serait incapable de lire?

Tout ce qui nous entoure, tout ce qui nous touche, est un livre sans cesse ouvert sous nos yeux, un beau livre, où la bienveillance de Dieu pour nous se révèle à chaque page: sachons y lire.

Mais rentrons dans le bal.

VII

Quand chacun, autour du guéridon, eut fait sa cour à la princesse, on lui chercha une autre place plus digne d'elle, une place d'honneur, et l'on ne sut lui en trouver une plus digne, plus élevée que sur la cheminée, où on l'assit en avant de la pendule, entre deux candélabres, dont les vingt bougies faisaient ressortir l'éclat de ses bijoux et de sa couronne de papier doré.

Cependant, je dois le dire, soit que, sous la robe de velours, sous le corsage d'hermine, quelques-uns s'obstinassent à ne voir que l'Auvergnate, soit que quelques autres fussent intimidés par son haut rang et sa grande tenue, personne ne songea à la faire danser, et Son Altesse, plantée là, sur sa cheminée, comme sur un trône, fut oubliée, même dans la distribution des rafraîchissements. Les titres et la fortune ne donnent pas toujours le bonheur.

Les rafraîchissements, les confitures, les bonbons de toutes sortes ne manquaient pas cependant! Les poupées étaient servies les premières, servies par leur petites mamans; celles-ci n'eurent que la desserte, c'est-à-dire ce qui resta. Les mères ne sont que dévouement.

VIII

Entre deux contredanses, on proposa des jeux de société.

On commença par une DEVINETTE.

Je faisais alors une partie de whist avec trois autres bons papas, dont l'ancien officier de gendarmerie, aux grosses moustaches. Maurice, qui dirigeait la devinette, vint me demander un mot. Je lui indiquai le mot: *volant*. Marie D..., désignée comme *devineuse*, et qui s'était retirée dans une pièce voisine, rentra alors au salon, interrogea les joueurs à tour de rôle, et j'eus lieu de remarquer avec quelle intelligence elle posa ses questions.

« Est-ce minéral? dit elle d'abord.

— Non.

— Est-ce animal ?

— Oui.

— En trouve-t-on dans l'eau?

— Non.

— Dans l'air ?

— Oui.

— Cela a-t-il des plumes?

— Oui.

— Alors c'est un oiseau ?

— Non. »

Ce dernier *non* sembla l'intriguer ; elle réfléchit quelques
secondes :

« Cela vit-il ? reprit-elle.

— Non.

— Ce n'est donc pas un *être*, c'est un *objet ?* »

Cette question s'adressait justement à bébé Hélène, qui
ouvrit de grands yeux et regarda sa sœur. Sa sœur répondit
pour elle :

« Oui.

— Est-ce seulement animal ?

— Non.

— Est-ce animal et végétal à la fois ?

— Oui.

— En mange-t-on ?

— Oh non ! dit Louisette V,..; je n'en mangerais pas,
moi ! ça gratterait joliment dans le gosier !

— Silence ! cria-t-on ; un gage !... On ne doit répondre
que par *oui* ou *non !* »

Marie reprit :

« Est-ce un objet de grande utilité ?

— Non.

— Un jouet ?

— Oui. »

Elle réfléchit de nouveau : « Un objet !... qui a des plumes
et va dans l'air sans être un oiseau.... qui tient à la fois du
règne végétal et du règne animal ?... Un jouet !... ah ! oui,
des plumes et un bouchon ! j'y suis ! s'écria-t-elle ; c'est
un *volant !* »

IX

Madame D.... apporta alors au milieu du cercle un
ballon colorié, et qui représentait un globe terrestre, avec

l'indication écrite des grandes îles, des mers, des continents et des pays principaux. Le jeu consiste à lancer le ballon, et, lorsqu'il s'est arrêté sur le parquet, à dire, d'après l'inspection du pays qui se trouve en dessus, celui qui se trouve en dessous, à l'autre extrémité de la terre ou du ballon; ainsi : pôle arctique, pôle antarctique, — Chine, Amérique méridionale, — Afrique, Grand-Océan. J'appellerai ce jeu LE JEU DES ANTIPODES, jeu excellent pour se bien rendre compte des positions géographiques, et que je me propose d'utiliser pour mon petit monde.

On reprit les danses.

Le bal se termina par un *cotillon* conduit tour à tour par Pharamond et le beau Rinaldo.

A dix heures, nous remontions dans notre fiacre; mais, ô désolation! ô désespoir pour Émilie! quels reproches n'eut-elle pas à se faire! Arrivés à la maison, descendus du fiacre, lorsque nous nous comptâmes, nous n'étions plus que onze!

La pauvre princesse avait été oubliée sur la cheminée !

CHAPITRE X

I

Les souvenirs du bal de madame **D....** troublaient encore certaines petites têtes qui n'étaient ni de porcelaines ni de carton ; de plus, le soleil, un vrai soleil de printemps, éclairait les premiers jours de mars ; le soleil surtout me faisait du tort ; il poussait à l'école buissonnière.

Au milieu de toutes ces circonstances défavorables, j'avais à traiter d'un sujet peu séduisant par lui-même, les poissons ; et qui se soucie des poissons, si ce n'est après leur assaisonnement ?

C'est cependant un peuple étrange, mystérieux, bon à connaître, important, et que je ne pouvais entièrement passer sous silence.

Je fis de mon mieux. D'abord, sur ma petite table de professeur, je plaçai, non des animaux de bois, empruntés à l'arche de Noé, mais des animaux véritables, vivants, qui s'agitaient dans une petite cage de verre. C'étaient des poissons rouges dans leur bocal.

Un habitant du bocal me servit à expliquer le mécanisme des poissons, comme César, l'habitant de la cage, m'avait servi à expliquer celui des oiseaux.

Autour de mes poissons rouges il y eut bientôt foule, et, prudemment, j'attendis les questions qui ne tardèrent pas.

II

« T'oncle, pourquoi boivent-ils toujours ?

— Mon Fernandinet, ils absorbent de l'eau par leur bouche mais remarque-le bien, cette même eau, ils la rendent par leurs ouïes, après l'avoir fait passer sur ces feuillets rouges qui en garnissent l'intérieur ; ces feuillets rouges ou roses, à vrai dire, sont leurs poumons, et pompent l'air contenu dans l'eau, l'air dont ils ont besoin pour vivre.

— Bon papa, pourquoi montent-ils et descendent-ils dans leur bocal sans avoir l'air de remuer ?

— Ma chère Lili, ceci n'est pas moins curieux à savoir. Chaque poisson a dans le corps une petite vessie remplie d'air seulement, et, selon qu'il la resserre ou qu'il la gonfle, il descend dans l'eau ou remonte à la surface à sa volonté, et sans qu'il ait à faire agir ses nageoires. »

Je leur parlai alors d'une glande huileuse que certains poissons de mer ont sur la tête et qui protége leur peau ou leurs écailles contre l'âcreté des sels marins. Et, sans attendre le pourquoi :

« A propos des canards et autres oiseaux nageurs, je vous ai déjà dit quelques mots sur le liquide graisseux dont sont enduites leurs plumes à partir de leur poitrine. Pour les poissons, mes enfants, il était indispensable que leur petite bouteille à l'huile, ils l'eussent sur la tête. Les poissons n'ont ni bras ni pattes; ils n'ont pas, comme les oiseaux, un bec,

Autour de mes poissons rouges, il y eut bientôt foule. (Page 290.)

surmontant un long cou qu'ils peuvent faire mouvoir à leur
gré ; il fallait donc régler les choses sans qu'ils eussent à s'en
mêler, et c'est ce que Dieu a fait. Maître poisson n'a qu'à se
laisser glisser sous l'eau, et l'huile se répand d'elle-même de
sa tête aux autres parties de son corps.

— C'est admirable, vraiment ! dit Marie D...

— Dieu pense à tout ! murmura Émilie.

— Bon papa chéri, me demanda alors Hélène, est-ce que
les *sardines* qu'on sert sur la table donnent elles-mêmes toute
l'huile qui se trouve dans leur boîte de fer-blanc ? »

Un rire général répondit à la question de bébé Hélène.

III

Notre leçon ne marchait pas mal ; cependant quelques-
uns de mes auditeurs tour-
naient leurs regards vers la
petite cour et vers le soleil.
Ces regards, pour les ramener
à moi, j'ouvris le grand livre
aux images, et, leur indiquant du doigt chaque individu

Ablette

Tanche.

avant de le nommer, je leur fis passer en revue l'*ablette*,
aux écailles argentées ; la *tanche*, aux couleurs sombres,

ce qui ne l'empêche pas d'être fort recherchée par les con-

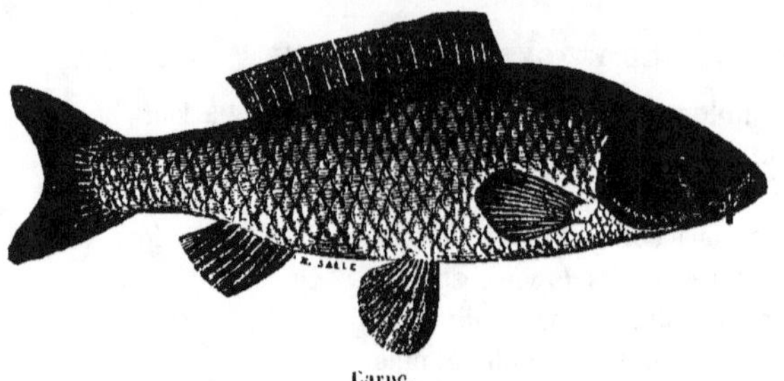

Carpe.

naisseurs; la *carpe*, plus fournie d'arêtes que de bonne

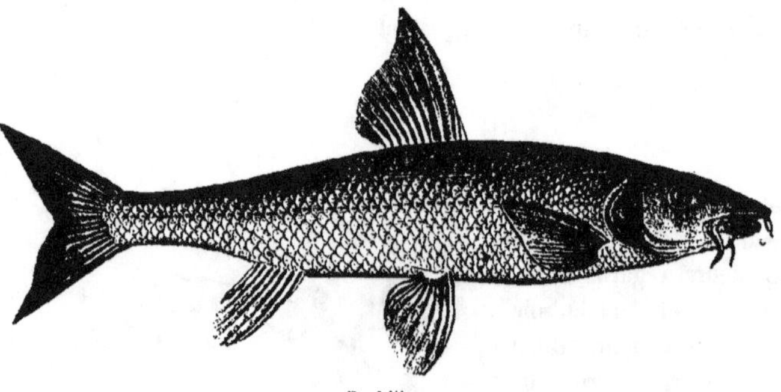

Barbillon.

chair; le *barbillon* aux longues moustaches; notre ami

Goujon.

le *goujon*, à qui nous devons de si bonnes fritures, et
l'*anguille*, qui nous fournit de si bonnes matelottes. Après

quoi, je fis apparaître le *brochet*, ce tyran, ce requin des eaux douces, qui se nourrit volontiers de carpes et d'anguilles, aussi bien que de tanches et de barbillons.

Anguille

Nous abordâmes ensuite les poissons de mer, en commençant par les *poissons plats*.

« Ah ! qu'ils sont laids ! s'écria Fernand, avec leurs yeux d'un côté et leur bouche de l'autre ! ils font joliment bien de se cacher sous l'eau !

Brochet.

— Et nous, mon garçon, lui répondis-je, nous faisons *joliment bien* d'aller les y chercher, car, s'ils ne sont pas beaux, ils sont bons, bons à manger s'entend. On les estime au-dessus de tous les autres.

« Cependant, mes amis, il est un poisson de mince apparence, un poisson vulgaire, bon pour les petits gens, comme on dit, et que je mets dans mon estime bien au-dessus d'eux, car non-seulement sa chair est exquise, mais il a

fait ce que nul autre poisson, petit ou grand, n'a fait avant
lui : il a fondé la richesse, la prospérité, l'existence peut-
être d'un peuple !... c'est le *hareng*.

— Bon papa chéri veut rire, bien sûr, dit Hélène.

— Non, lui répondit Adolphe, le maître parle sérieuse-
ment. C'est une histoire qui, pas plus tard qu'hier, ma été
racontée ; et, comme j'aime le hareng, surtout à la sauce
moutarde, je n'en ai pas perdu un mot.

— Eh bien, Adolphe, répétez-nous cette histoire.

— Je vais essayer, maître. »

IV

Après s'être quelque temps gratté l'oreille, Adolphe
reprit :

« Il paraît qu'autrefois la Hollande était un petit pays
très-pauvre, mais très-pauvre, qui ne fabriquait que de
petits bateaux et de grands fromages. Mais un matelot, un
simple matelot, découvrit le moyen de conserver le hareng
en le salant, puis aussi en le fumant, ce qu'on appelle des
harengs saurs. Les Hollandais purent alors en faire de
grandes provisions qu'ils envoyèrent partout, et, leurs petits
bateaux ne suffisant plus, ils en firent de plus grands, et
leur commerce s'augmenta si bien, qu'ils devinrent riches,
richissimes ; et plus ils prenaient de harengs, plus ils en
salaient, plus ils en fumaient, plus leur bateaux s'agrandis-
saient, à ce point de devenir des vaisseaux, et c'est ainsi que,
peu à peu, à force de harengs, ils devinrent un grand
peuple. Voilà toute l'histoire !

— Très-bien, Adolphe ; j'ajouterai que, dès qu'on eut
réussi à saler le hareng, on songea à user du même procédé
pour la *morue*...

— Mais, bon papa chéri, dit Hélène en m'interrompant, puisque l'eau de la mer est salée, toutes ces bêtes-là devraient se saler elles-mêmes à force d'en boire. »

Après avoir embrassé Hélène pour cette nouvelle naïveté, me tournant vers Adolphe :

« Mon enfant, lui dis-je, je suis content de vous, et, pour vous prouver ma satisfaction, je vous élève à la dignité de second professeur suppléant.

— Vive le maître ! » s'écria Adolphe. Et il ajouta : « J'espère que maintenant ces demoiselles ne m'appelleront plus monsieur Coco.

— Nous savons trop le respect que nous vous devons, dit Marie D... avec un sourire.

— Sur ce point, poursuivit Émilie, vous pouvez être parfaitement tranquille, monsieur Coco.

— Vive monsieur Coco ! » entonna en chœur toute la classe.

Ces répliques joyeuses, cette bonne humeur de mes chers élèves, étaient pour moi l'assaisonnement, la sauce qui aide à faire passer le poisson.

— Cependant, malgré le bocal aux poissons rouges, malgré le livre aux images, les regards se tournaient encore volontiers vers la fenêtre illuminée par le soleil.

Je ne me sentis pas la force de lutter plus longtemps contre un pareil rival. J'annonçai que, en l'honneur de la nouvelle dignité de monsieur le suppléant Adolphe, nous irions continuer notre séance à l'*Aquarium* du Jardin d'acclimatation, au bois de Boulogne ; alors redoublèrent les cris de : « Vive monsieur Coco ! »

Je fis avancer des voitures. Les mères furent de la partie. Cette fois, je crus pouvoir me dispenser d'emmener les poupées.

V

Arrivés au Jardin d'acclimatation, nous nous dirigeâmes vers l'Aquarium : on nomme ainsi de grands compartiments de verre épais, où la Seine n'est séparée de l'Océan que par une vitre. Là, vivent, sinon en communauté, du moins en bon voisinage, les soles et les goujons, les coquillages de mer et ceux des fleuves et des lacs, enfin les habitants de l'eau salée et ceux de l'eau douce.

C'est alors que les pourquoi recommencèrent à bourdonner à mes oreilles.

« T'oncle, pourquoi voilà-t-il un lézard qui vit dans l'eau ?

— Pourquoi ces écrevisses et ces homards ne sont-ils pas rouges comme ceux que nous connaissons ?

— Pourquoi le monsieur qui vient de passer a-t-il dit que ces petits poissons à grosses têtes sont des grenouilles ?

— Maître, pourquoi celui-là a-t-il tant de pattes et pas de tête ? »

Et vingt autres *pourquoi*, dont voici à peu près les *parce que*.

VI

« Et d'abord, cet animal étrange, moitié reptile, moitié poisson, qui n'a pas de tête, ou plutôt qui n'a qu'une tête sans corps, une tête ornée de deux gros yeux, et entourée de huit bras longs et flexibles, c'est la *seiche*. Si Maurice était avec nous, il vous dirait que le nom latin de la seiche est *sepia*. Voyons, ce mot *sepia*, devenu un mot français, ne vous rappelle-t-il rien ?

— Si fait, dit Émilie ; il me rappelle les dessins à la sépia, autrement dit à l'*encre de la Chine*.

— Justement ; la seiche que voici, comme tous ceux de son immense famille, qui se retrouve dans toutes les mers du monde, est douée d'un organe tout particulier, rempli d'une liqueur noire, odorante, musquée, et c'est avec cette liqueur que les Chinois ont composé leur fameuse encre, débitée chez nous en petites tablettes, en petits bâtons, souvent ornés de dorures. La seiche, outre qu'elle possède sa petite bouteille à l'encre, comme un grand nombre de poissons leur petite bouteille à l'huile, nous fournit encore un autre produit, de peu d'importance il est vrai, mais

Seiche.

que vous connaissez aussi de vue, et il est bon de pouvoir se rendre compte de tout ce qu'on voit.

« Dans la cage aux serins, à côté de leur mouron, de leur colifichet, vous avez vu, suspendu au grillage, une sorte de corps dur, blanc, ovale, aplati, auquel César et Cléopâtre venaient s'aiguiser le bec. C'est l'*os de seiche*, os unique, charpente intérieure de l'animal, et qui lui sert à fixer ses huit bras à un centre solide. Ajoutons que l'os de seiche est utilisé aussi dans nos fabriques pour polir certains corps durs.

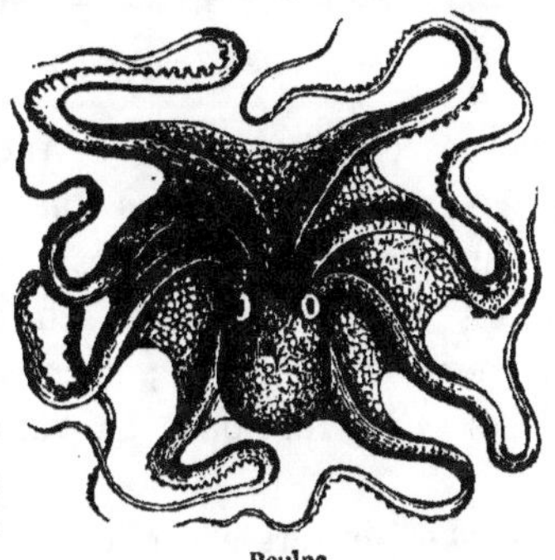

Poulpe.

« On a fait, mes enfants, bien des contes sur des seiches, des poulpes gigantesques, qui, avec leurs huit bras monstrueux enveloppaient et emportaient au fond de la mer des

navires armés, capitaine, soldats et matelots compris ; mais
ces contes, je ne vous les répéterai pas.

« Maintenant, passons à l'eau douce.

« Ce lézard d'eau, marqué de taches jaunes et noires, est
la fameuse *salamandre*, dont quelques-uns parmi vous ont dû
entendre parler. Soi-disant, elle vit dans le feu... encore
un conte ! Comme vous le voyez, elle préfère se trouver
dans l'eau.

« Quant aux écrevisses, que de contes n'a-t-on pas faits
aussi sur elles : « L'écrevisse est un poisson de couleur

Salamandre.

« rouge qui marche à reculons. » Autant de mots, autant
d'erreurs. L'écrevisse n'est pas un poisson, quoiqu'on
la trouve dans les eaux courantes ; elle n'est rouge que
lorsqu'elle est cuite, et marche en avant lorsqu'elle se
sert simplement de ses pattes ; mais veut-elle nager, c'est
alors qu'elle va à reculons. La raison en est facile à
donner.

« Pour nager, renversée sur le dos, elle frappe l'eau de
sa longue queue écailleuse, qui se replie sur elle-même en
avançant à chaque secousse ; nécessairement, la tête suit la
queue, et voilà, mes amis, comment, quoi qu'on en dise,
les écrevisses sont vertes, marchent en avant et nagent en
arrière. Une fois rouges, elles ne bougent plus.

« Il en est ainsi du homard, qui est une grosse écrevisse de
mer.

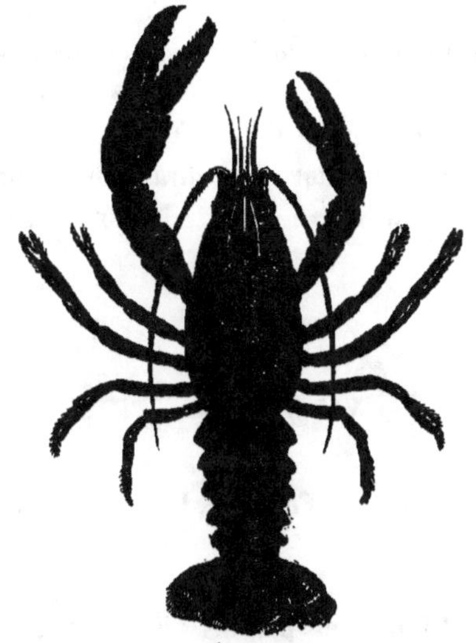

Écrevisse.

« Venons, chers enfants, à ces petits poissons que voici,
et que le monsieur qui vient de passer a qualifiés de *gre-*
nouilles, ce qui a pu vous paraître étrange. Cependant le
monsieur ne s'y est pas trompé : il
s'agit ici d'une métamorphose très-
singulière et qui peut vous intéres-
ser.

Grenouille.

« Ces petits poissons à longue
queue, à grosse tête, et nommés
têtards à cause du développement
de ce dernier organe, s'ils ne sont pas encore des grenouilles,
ne tarderont pas à le devenir.

« Quinze jours après sa sortie de l'œuf, ce soi-disant poisson, au lieu de nageoires, se trouvera orné de deux pattes dans la partie supérieure de son corps ; puis, au bout d'une autre quinzaine, de deux nouvelles pattes dans la partie inférieure. Alors, il ne sera plus poisson ; il pourra impunément sortir de l'eau, et, le nez au vent, s'asseoir, comme père et mère, sur le sable du rivage ; mais, pour s'asseoir convenablement, sa queue le gênera peut-être ? Qu'à cela ne tienne ! il s'en débarrassera comme d'un vieux meuble devenu inutile, et, de ce jour, le têtard prendra définitivement rang parmi les grenouilles. Vous le voyez, le monsieur avait raison.

VII

« T'oncle, me demanda alors Fernand, le crapaud est-il le mari de la grenouille ?

— Non, certes !

— Ah ! fi ! s'écria Émilie, ne parlons plus de toutes ces horreurs !

— Parlons-en, au contraire, ma fille ; parlons-en pour nous corriger de nos fausses préventions à leur égard.

« Voyons, examinons d'abord si la répugnance qu'inspire la grenouille à tant de gens est fondée sur quelque motif valable. Ose regarder celle qui se tient en ce moment sur la pointe de ce rocher. La forme de son corps est élégante, sa peau est lisse et marquée de couleurs agréables ! Bon ! la voilà dans l'eau !... Avoue-le, elle nage avec grâce, et tout à fait à la manière de l'homme. Quant à son caractère, ses mœurs sont douces, inoffensives, du moins à notre égard, puisqu'elle ne vit que de mouches et d'insectes nuisibles. Je ne vois donc pas ce que tu peux lui reprocher, si ce n'est sa prétention de grande chanteuse.

—Celle-là, passe encore! dit Émilie, mais... l'autre!

— Le crapaud? Il est fort laid, j'en conviens, surtout quand il se gonfle. Cependant, c'est là chez lui plus un effet de sa prudence que de sa colère. Grâce à ce gonflement, son unique moyen de défense, il supportera, sans trop en souffrir, les coups de pierre, les coups de bâton que lui vaut sa mauvaise réputation, qu'il n'a méritée en rien. On l'a si bien reconnu dans ces derniers temps, mes amis, qu'aujourd'hui, en France comme en Angleterre, on recherche avec empressement la pauvre vilaine bête, on l'accueille avec faveur, on lui ouvre les jardins, les potagers, et même les parcs royaux ou impériaux. C'est que, loin de porter dommage aux fleurs, aux fruits, aux légumes, l'honnête animal les protége, au contraire, en détruisant toute la vermine qui les attaque.

— En vérité, monsieur, me dit Marie D..., me voilà réconciliée avec la grenouille et avec... l'autre. En effet, il ne faut pas toujours juger les gens sur leur physionomie. »

VIII

« Maître, me dit alors Adolphe, il m'est arrivé de passer un hiver à la campagne, et je n'y ai pas vu une grenouille. Pourquoi? Est-ce que les grenouilles vont, l'hiver, dans les pays étrangers, comme font les rossignols, à ce qu'on dit?

— Mon ami, répondis-je à mon second suppléant, l'arrière-saison venue, grenouilles ou crapauds s'entassent les uns sur les autres dans quelque trou, dans quelque profonde crevasse du sol. L'hiver est-il rigoureux, ils y gèlent, ils y meurent; oui, ils y meurent. Cependant, vienne le dégel, ils ressuscitent!... Cela vous semble étrange, hors de toute vraisemblance; mais tout n'est-il pas merveilleux dans la nature ? Aussi, à quoi bon inventer des seiches qui emportent les navires sous l'eau, ou des salamandres qui vivent dans le feu, et autres contes de même espèce?

« Combien d'animaux je pourrais vous montrer, même sans sortir de cet aquarium, qui présentent des phénomènes presque aussi extraordinaires !

« Ces homards, ces écrevisses, eh bien ! ils peuvent se dépouiller de leur armure, s'ils s'y trouvent mal à l'aise ; huit jours après, ils sont cuirassés de neuf des pieds à la tête.

« Mieux encore, perdent-ils un de leurs membres, ils n'ont pas trop à s'en affliger : le membre repoussera.

Lézard de muraille.

« Qu'un écolier maladroit essaye de s'emparer d'un lézard ; le lézard lui laissera sa queue dans la main, et sa queue repoussera.

« Pour le colimaçon, c'est bien autre chose ! qu'un coup de bêche lui enlève la tête, il lui en reviendra une autre.

Pour la limace, une sorte de colimaçon sans coquille, de même.

» Coupez un ver de terre en deux, et vous aurez fait deux vers de terre au lieu d'un.

« Vous le voyez, c'est toujours de plus fort en plus fort ; partout la Providence multiplie ses miracles en faveur des faibles. A quoi bon, je vous le répète, chercher des merveilles en dehors de la vérité ? »

Je me laissais ainsi entraîner par mon sujet, parlant haut, trop haut, sans me rappeler que je professais alors dans un

Colimaçon.

lieu public et non dans ma classe, devant l'Aquarium du Jardin d'acclimatation et non devant mon bocal de poissons rouges, lorsque tout sembla s'obscurcir autour de nous. Les têtards, les poissons, les grenouilles, les coquillages, les

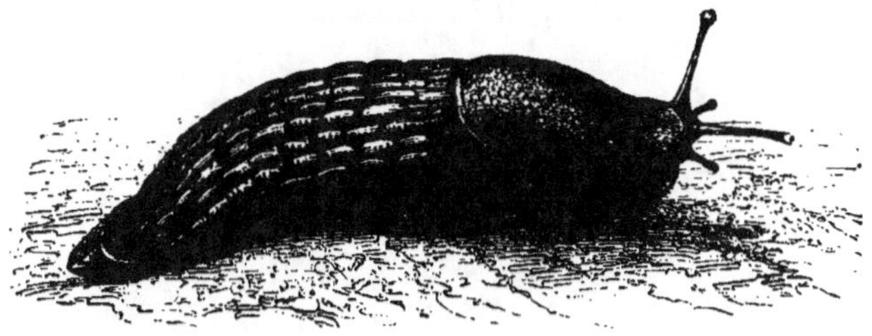

Limace.

homards et les écrevisses ne nous apparaissaient plus qu'à travers une eau grisâtre. Les quelques rares visiteurs qui, à mon insu, avaient grossi mon auditoire, s'éloignaient vivement, en débouclant leurs parapluies.

20

Évidemment, notre magnifique ciel du matin s'était voilé ; le temps menaçait ; les mères pressaient le départ ; nous partîmes.

A peine étions-nous remontés en voiture qu'une effroyable giboulée de neige tomba.

Fiez-vous donc au soleil de mars

CHAPITRE XI

I

Quitte de sa fièvre de croissance, qui le retenait chez ses parents, Maurice, allongé de trois pouces, était retourné au collége. Cependant, en sa faveur et selon son désir, je décidai que dorénavant le dimanche, son jour de congé, serait notre jour de réunion.

Voulant faire passer plus facilement cette ordonnance, si contraire aux habitudes des autres écoles, j'avais décidé de même, et avec l'assentiment général, qu'un goûter suivrait immédiatement la leçon.

Le dimanche suivant, de bon matin, Maurice vint me trouver dans ma chambre. Il avait une idée, un projet, qu'il me soumit, et que j'approuvai pleinement. Il s'ensuivit pour notre séance une surprise, un coup de théâtre, ou plutôt un changement d'acteurs, comme on va voir.

II

Le moment venu, en me présentant dans la classe, au lieu de me diriger vers mon fauteuil, j'allai, au grand étonne-

ment de tous, m'asseoir au banc des gouverneurs, et, sur un
geste de moi, Maurice se dirigea vers le siége du professeur.
(*Profonde sensation.*)

Rouge comme une écrevisse... cuite, debout devant la

Papillons du ver à soie. — Vers à soie, — Cocon et chrysalide.

petite table. la main droite dans son gilet, il avait déjà deux
fois ouvert la bouche sans en pouvoir faire sortir une parole,
quand, tout à coup, se frappant le front, il quitta son poste.
On crut qu'il le désertait. Pas du tout! il alla simplement
chercher son chapeau, qu'il posa sur la table.

« Il va nous faire un discours sur les chapeaux ! murmura Adolphe.

— J'allais le dire ! »

Et **Fernand**, s'élançant de la banquette vers la table, plongea un regard dans le chapeau, puis se redressant d'un air stupéfait : « Ah bah ! » s'écria-t-il ; ce qui, nécessairement, redoubla la curiosité de tous.

Maurice retira sa main de son gilet, mit un doigt sur sa bouche, et Fernand, qui respectait son grand cousin, se tut.

. Ce mystère, placé au fond d'un chapeau, Maurice allait nous le révéler.

III

« Je ne sais pas si vous êtes comme moi, dit-il, mais, quand je suis à la campagne ou dans le jardin du collége, si je regarde aux arbres, ce n'est pas pour y découvrir des nids d'oiseaux ; si je regarde à travers les herbes, ce n'est pas pour

Morio.

y rencontrer des fleurs, mais des chenilles. Notre cher et bien-aimé professeur, le vrai, reprit-il en saluant de mon côté, vous a fait faire, il y a quelques jours, un voyage au pays des poissons ; moi, je vais vous en faire faire un au pays des insectes. »

Cette manière d'aborder son sujet était assez adroite, et je suis porté à croire que Maurice avait préparé sa leçon.

Paon de nuit.

« Oui, ce que je cherche avant tout, continua-t-il, ce sont les *chenilles* de toutes sortes, car je n'ai pas élevé que des vers à soie dans mon pupitre, j'y ai élevé bien d'autres che-nilles... » Et, sur un mouvement d'Émilie, s'interrompant :

Paon de jour.

« Mais, ma cousine, il y en a de très-jolies, des chenilles ; et, quand elles seraient moins jolies, il ne faudrait pas en faire fi pour cela, car voici ce qu'elles produisent ! »

Il tira alors de son chapeau, dont le fond était garni

d'une planchette de liége, un magnifique papillon, puis

Sphinx.

vingt autres non moins beaux, non moins riches de cou—

Machaon.

leurs, qu'il y tenait, tous savamment préparés, les ailes étendues, et fixés par une épingle.

C'étaient là les mystères du chapeau de Maurice.

IV

De ce chapeau sortirent ainsi, tour à tour, les jolis *papillons blancs du chou* et *de la rave*, le *Cossus ronge-bois*, l'*Argus des bois*, l'*Apollon des montagnes*, la *Libythée du cerisier*, la *Coquette du marronnier*, le *Robert le Diable*, la *Petite-*

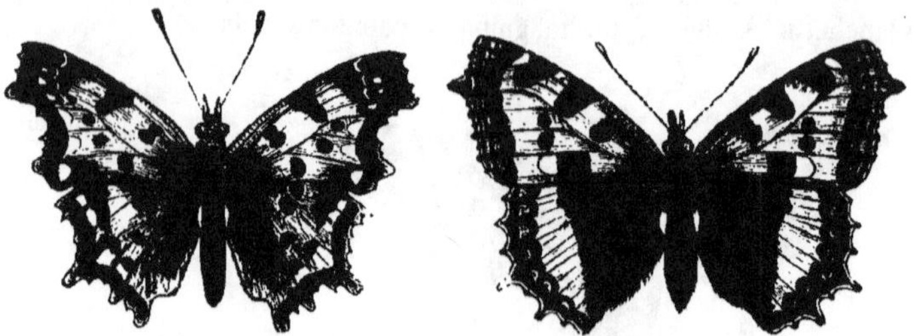

Petite-Tortue.   Robert le Diable (Grapta de l'orme.)

Tortue, le *Morio ;* une *Belle-Dame*, aux gros yeux et aux couleurs variées ; des *Nacrés*, lamés d'argent ; un *Safran*,

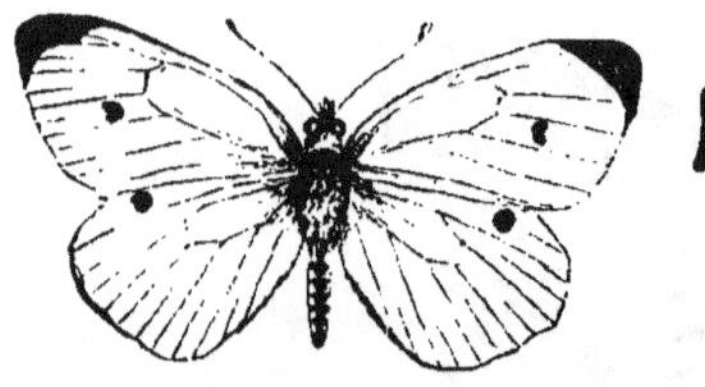

Libythée du cerisier.

Piéride de la rave.

tout de jaune habillé, et le *Vulcain*, avec ses taches de pourpre, et ce curieux *Bombyx*, qui ressemble si bien à une

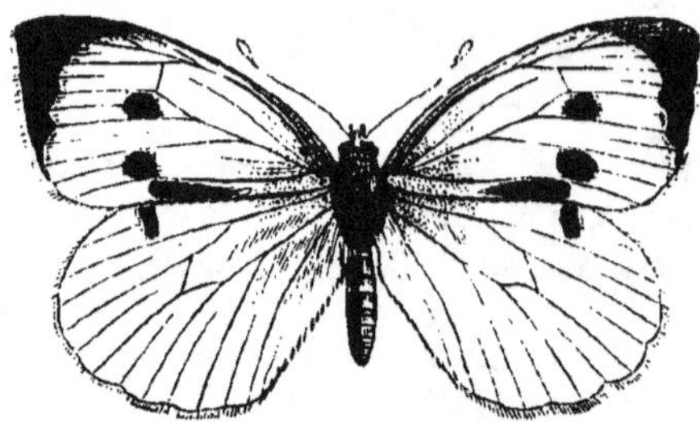

Piéride du chou.

feuille morte, et le *Paon de jour*, qui paraît avoir emprunté au bel oiseau dont il porte le nom ces quatre grands yeux

coloriés qui rehaussent sa toilette, et le *Paon de nuit*, et les
Sphinx aux ailes étroites, et le *Flambé*, et le *Machaon*, aux

Vulcain.

ailes prolongées en queue, deux des plus beaux papillons de
France.

V

Tandis qu'on examinait, qu'on admirait, Maurice expliquait les métamorphoses de la chenille en papillon, non

Belle-Dame.

moins curieuses, non moins admirables que celles du têtard
en grenouille.

« D'abord, dit-il, de l'œuf naissent de petits vers, tout

petits, tout petits, qui ne tardent pas à se couvrir de poils ; mais pour grossir, et avant de prendre leur développement comme chenilles, ils ont d'abord à changer de peau plusieurs fois.

Phalène du Cossus ronge-bois.

— Tiens ! pourquoi donc changent-ils de peau ? demanda Fernand.

— C'est tout simple ! lui répondit Maurice ; quand nous

Flambé.

grandissons, nous, nos pantalons deviennent trop courts et nos habits trop étroits ; ils nous en faut d'autres.

— Mais toi, lui répliqua Fernand, pendant ta fièvre de

croisssance, tu as grandi. Est-ce que tu as changé de peau?
— Dame!... non; mais ça n'est pas du tout la même chose. — N'est-ce pas, n'oncle? dit Maurice un peu embarrassé de la question, en se tournant vers moi.

La Coquette (Phalène du marronnier).

— Les animaux, répondis-je, ne portent pas, comme nous, des vêtements d'emprunt; comme nous, ils ne vont pas les prendre à la tige des plantes ou sur le dos des moutons; il faut donc que leurs habits grandissent avec eux, ou

Nacré de la luzerne.

qu'ils trouvent moyen de s'en refaire d'autres; c'est de ce dernier cas qu'il s'agit ici. Mais continuez, monsieur le professeur suppléant; que deviennent vos chenilles, une fois parvenues à la grosseur voulue? »

Et Maurice, reprenant la parole, un peu troublé par les
questions des uns et des autres, tant bien que mal, nous dit
comment, sur le point d'arriver à son premier changement
de forme, la chenille s'engourdissait tout à coup, se repliait,

Apollon des montagnes.

se resserrait sur elle-même dans un état d'immobilité presque
complète ; puis sa peau se détachait de son corps. Sous cette
peau, un animal tout différent du premier semblait s'être
formé. C'était la *chrysalide*, sorte de petite momie, par-

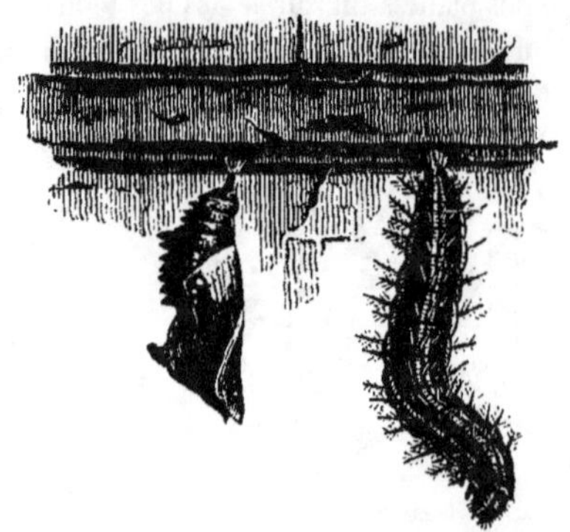

Chrysalide. — Chenille s'apprêtant à se transformer en chrysalide.

fois enveloppée dans une *coque*, comme celle du ver à
soie ; parfois nue, restant suspendue par son extrémité
inférieure à un brin d'herbe, à un rameau, à un rebord
de muraille.

La chrysalide alors avait l'apparence d'une fève arrondie, ou d'un sabot, ou d'un masque, avec un petit nez pointu au milieu du visage, ou d'un petit nègre au maillot. Il y en avait de sombres et de maussades qui faisaient la grimace; de brillantes, de joyeuses, tachetées de points d'or et d'argent, et semblables à de riches pendants d'oreilles.

Puis, nouveau changement à vue !

Un beau matin, sous un rayon de soleil, ces masques, ces sabots, ces momies, ces nègres emmaillottés, ces pendants

Bombyx feuille morte.

d'oreilles s'entr'ouvraient, et il en sortait de petits êtres légers, charmants, habillés de gaze, parés de couleurs brillantes qu'on aurait pu croire produites par le pinceau d'une fée ; ces petits êtres ne sont pas des oiseaux, et ils voltigent dans l'air comme des oiseaux ; ils vivent avec les fleurs, leur ressemblent et ne sont pas des fleurs... Non, ce sont tout simplement nos ci-devant chenilles !

Ainsi s'accomplissent les MÉTAMORPHOSES DES PAPIL-LONS.

VI

Déjà troublé par quelques moqueries d'Adolphe, Maurice se hâta de faire rentrer dans son chapeau et le Vulcain et la Belle-Dame et les Nacrés et les autres, après quoi, suant à grosses gouttes, il abandonna son siége de professeur.

« Tiens ! c'est déjà fini ? dit Hélène.

— Ce n'est pas assez, reprit Adolphe. Maurice, raconte-nous quelque chose sur les autres insectes, sur les hannetons, par exemple !... N'as-tu donc pas élevé aussi des hannetons dans ton pupitre ? nous n'avons pas notre compte !

— Oui ! oui ! les hannetons ! les hannetons ! répétèrent les autres gouverneurs.

— Rassurez-vous, mes amis, leur répliquai-je ; aujourd'hui, je n'ai pas qu'un seul suppléant, j'en ai deux. — Allons, Adolphe, à vous de prendre la parole ! »

Ce fut une joie bruyante dans toute la classe, surtout de la part de Maurice, enchanté de trouver l'occasion de rendre à son rival en grade ses railleries et ses regards moqueurs.

Sans hésitation aucune, Adolphe se dirigea vers le fauteuil resté vacant ; il se moucha, il s'essuya le front, prit un air grave, passa la main dans son gilet, en clignant de l'œil de côté, puis, après avoir salué trois fois : « Messieurs, Mesdames et Mesdemoiselles, dit-il, JE LÈVE LA SÉANCE ! »

VII

En ce moment même, Scolastique entrait, nous annonçant que le goûter était sur la table. Cette annonce donnait raison à mon second professeur suppléant. La séance fut donc levée.

« Mais les hannetons ? murmurèrent quelques voix avec un accent de regret.

— Mes amis, puisque mes deux adjoints m'abandonnent cette tâche, je l'accepte ; nous en sommes aux métamorphoses ; eh bien ! pendant le goûter, je vous dirai, non-seulement les métamorphoses du hanneton, mais encore, et surtout, celles d'un marchand de hannetons. »

Argus des bois.

CHAPITRE XII

I

Entre les hannetons et les enfants, il y a d'anciens souvenirs, d'anciennes chansons répétées par les bonnes et par les nourrices; le *Hanneton, vole, vole, vole !* et le fameux *couteau de Saint-Georges*, ne sont pas tout à fait oubliés; aussi un murmure de satisfaction s'éleva-t-il autour de moi lorsque je commençai mon récit.

II

« Mes amis, le peu que je sais sur les insectes, sur leurs mœurs, leurs attitudes si curieuses, je le dois à un ancien marchand de hannetons, car, autrefois, c'était un commerce comme un autre; Dieu merci, nul d'entre vous n'a jamais entendu crier en pleine rue : *V'la d'zhann'tons, d'zhann'tons pour un yard !*

« Bertrand (ainsi s'appelait notre homme) était venu à Paris dans l'espoir d'y apprendre un métier, mais comme il avait quitté son village avec une pièce de quinze sous dans sa poche, à Paris il n'avait trouvé à exercer que le métier de marchand de hannetons, pour lequel il n'y avait pas à payer d'apprentissage.

« Passant une partie de ses journées au milieu des champs et des bois, il découvrit là d'autres individus qu'il n'y cherchait point, et, la saison des hannetons passée, il fut en mesure de vendre aux naturalistes en boutique des insectes rares, ou de beaux papillons qu'il savait préparer de façon à les faire figurer avec honneur dans un cadre doré.

« Vous le voyez, Bertrand était déjà quelque chose de plus qu'un marchand de hannetons. Attendez!

III

« Il était né observateur, et, sous le feuillage des bois, comme sous l'herbe des champs, il se présentait incessamment pour lui de curieux sujets d'observations.

« Un jour qu'il voulait saisir un *faucheux*, cette araignée qui semble montée sur ses longues pattes comme sur des échasses, une des pattes lui resta dans la main et continua de s'agiter, ce qui lui donna à réfléchir pendant plus d'une heure.

« Les *vers luisants*, qui, le soir venu, font briller une lumière si étrange, furent pour lui le motif d'autres réflexions non moins prolongées.

« Les *fourmis-lions*, qui creusent avec tant d'adresse et de régularité dans le sable de petits entonnoirs, où se laissent glisser d'autres insectes, dont ils font leur proie, furent ensuite le sujet de ses études; mais plus encore que les vers luisants, que les faucheux et que les fourmis-lions, les *fourmis*, sans cesse se croisant sous ses pas, attirèrent son attention.

« Après de longues remarques, faites sur ce petit peuple, toujours remuant, toujours agissant, il put affirmer que les fourmis vivent en république, autrement dit sans un chef pour les gouverner; qu'elles se construisent, comme les castors, de grandes habitations à plusieurs étages, avec murailles pour soutenir l'édifice, avec toitures pour le garantir de la pluie, avec de longues galeries formant corridors d'une chambre à l'autre.

« Plusieurs de ces chambres servent de magasin aux provisions, ou de dortoir pour les petites fourmis en bas âge. De bonnes fourmis, dévouées à l'emploi, jouent auprès de ces dernières le rôle de nourrices ou de sœurs de charité ; elles les entourent des soins les plus tendres, leur portent les aliments qu'elles ont préparés pour elles, nettoient leur berceau ; puis, le temps venu, leurs nourrissons sevrés, elles commencent à leur donner l'instruction indispensable à toute jeune fourmi bien élevée.

— Ah ! bon papa chéri, tu veux rire !

— Tout cela est exact ! dit Maurice en mordant en plein dans un morceau de galette.

Je repris :

« Il y avait même une infirmerie pour les fourmis malades, ou qui avaient été blessées, soit sous le pied des passants, soit dans quelque bataille ; car chez nos fourmis, mes enfants, il existe deux races distinctes, les *Noires* et les *Rousses*, lesquelles depuis des siècles se sont déclaré la guerre, ce qui semblerait prouver que, parfois, les animaux n'ont guère plus de raison que les hommes.

« Du reste, ce fut une de ces guerres qui donna à Bertrand l'occasion d'étudier plus à fond encore les mœurs, l'industrie, les ruses, enfin l'intelligence extraordinaire

de ces intéressantes peuplades, comme vous allez voir.
— Écoutez ! écoutez ! »

IV

« Une armée de fourmis rousses avait envahi le terrain
occupé par les fourmis noires. Il s'agissait sans doute de les
chasser de leur ville principale, ou, si vous l'aimez mieux, de
leur fourmilière, avantageusement située dans un bois, au
soleil levant, appuyée contre un vieux chêne, dans un canton
très-fertile en pucerons et en petits vers de terre, ressources
précieuses pour nos républicains noirs, ainsi que vous serez à
même d'en juger bientôt.

« C'était un matin ; l'armée rousse s'avançait en bon
ordre, presque dans l'ombre ; il faisait jour à peine, et
sans doute elle espérait surprendre ses ennemis encore
plongés dans le sommeil.

« Quand les Rousses ne furent plus qu'à vingt pas de la
fourmilière, elles trouvèrent devant elles le terrain tout
parsemé de fétus de paille, de débris, auxquels étaient mêlés
de petits résidus de fruits, de graines, de gommes et des
fragments de vermisseaux.

« Rien ne bougeait en dehors de la fourmilière. Sans
doute elle avait été abandonnée par les Noires, qui, dans
leur fuite, avaient ainsi laissé se perdre une partie de leurs
provisions ; voilà ce que pensèrent les Rousses, qui, mettant
à profit l'occasion, ne songèrent d'abord qu'à faire bom-
bance... Mais tout à coup, sortant de leur embuscade (car
c'était une embuscade !), les Noires tombent sur les pillardes,
alors à la débandade, en tuent un grand nombre et font les
autres prisonnières de guerre... Oui, mes amis, prisonnières ;
je n'aurais pas cru les fourmis capables de semblables

manœuvres si Bertrand ne m'avait positivement certifié le fait.

« Accroupi derrière une haie, notre marchand de hannetons qui avait passé la nuit dans le bois à observer ses vers luisants et à faire la chasse aux papillons nocturnes, fut témoin de la rencontre des deux armées.

« Après la bataille, quelle ne fut pas sa surprise en voyant une troupe de fourmis rousses sous la surveillance d'une autre troupe de fourmis noires, reporter à l'habitation tous les fétus de paille, tous les résidus de fruits, tous les fragments de vermisseaux, qui avaient servi à celles-ci pour tendre leur piége. Des Rousses aussi relevaient les blessés et les conduisaient à l'infirmerie.

« Comprenez-vous bien, mes enfants? non-seulement les Rousses étaient prisonnières de guerre, mais encore les Noires les condamnaient à travailler à leur bénéfice.

« Bertrand remarqua même que ces dernières avaient enlevé les ailes de leurs captives, sans aucun doute pour mettre empêchement à tout projet de fuite de leur part.

« Une autre découverte le jeta dans un étonnement plus grand encore.

« Les fourmis, dans leurs courses au dehors rencontraient par-ci par-là quelques pucerons errants et les emportaient dans leurs fourmilières. C'étaient pour elles des prisonniers d'un autre genre. Il suinte du corps des pucerons une liqueur sucrée, un vrai régal pour les fourmis. Cette liqueur, elles la distribuaient particulièrement à leurs malades et à leurs nouveau-nés. C'était pour les petits une sorte de laitage.

« Elles avaient donc leurs troupeaux de pucerons comme nous avons nos troupeaux de vaches! Qu'en dites-vous, mes amis? »

Accroupi derrière une haie, notre marchand de hannetons fut témoin de la rencontre des deux armées. (Page 324.)

V

La bataille des Rousses et des Noires, les prisonniers de guerre et les troupeaux de pucerons, tout en charmant mon auditoire, donnèrent lieu à quelques réclamations. On soupçonnait Bertrand de m'avoir fait des contes invraisemblables; je certifiai l'entière exactitude de ses découvertes, que de grands savants ont confirmées depuis lui, et de nouveau, Maurice, qui venait d'achever sa part de galette, voulut bien me servir de garant.

Je poursuivis:

« Je n'en finirais pas si j'entreprenais de vous conter l'histoire merveilleuse de tant d'autres insectes, sans parler des abeilles, aussi extraordinaires que les fourmis. Non-seulement les *abeilles* nous fournissent cette quantité immense de *miel* employée pour les tisanes, les liqueurs, les conserves et les confitures, mais encore elles produisent la *cire;* la cire est la matière avec laquelle elles construisent leurs habitations si habilement, si régulièrement distribuées par cellules, et avec leur cire nous avons fait des *bougies*, des *flambeaux*, des *cierges*, pour éclairer nos appartements, nos palais, nos églises; avec leur cire, nous avons fait de la *cire à frotter*, pour entretenir la propreté, le brillant de nos meubles et de nos parquets; la cire des mouches à miel entre aussi pour une bonne part dans la composition des *toiles* et des *taffetas cirés...* Quant à la *cire à cacheter*, on l'obtient au moyen d'un mélange de gommes et de résines: ce n'est plus l'affaire de nos industrieuses fabricantes de miel... Mais revenons à notre marchand de hannetons, car c'est de lui surtout et de ses métamorphoses qu'il s'agit.

VI

« Un de ces naturalistes en boutique à qui Bertrand fournissait des insectes et des papillons, lui prêta des livres qui le rendirent tout à fait savant. Alors, des diverses observations par lui recueillies, il composa un premier ouvrage sur les HANNETONS.

« N'était-il pas juste qu'il commençât par eux ?

« Le hanneton provient du *ver blanc*, cet affreux ver,

Hanneton.

la peste des champs et des jardins, et qui reste trois ans en terre avant d'accomplir sa transformation en chrysalide, puis en hanneton. Tout le monde sait cela ; mais où Bertrand se signala, ce fut en expliquant le premier pourquoi le hanneton *compte ses écus*.

« Vous le savez, mes enfants, comme beaucoup d'autres insectes à ailes dures, les hannetons ne peuvent s'envoler qu'après de longs efforts, pendant lesquels leurs ailes dures ne s'entr'ouvrent que petit à petit. On en ignorait la raison ; Bertrand prouva que, à chacun de leurs mouvements, tout en comptant leurs écus, ils se remplissaient d'air dans toutes les parties de leurs corps, afin de pouvoir se rendre assez légers pour prendre leur vol.

« Cette découverte, qui avait son importance, attira déjà les regards sur lui.

« Un autre ouvrage, sur les VERS LUISANTS, lui valut d'être nommé, par le roi Charles X, chevalier de la Légion d'honneur.

« Enfin, quelques années plus tard, son HISTOIRE DES FOURMIS ET DES PUCERONS le fit entrer, en qualité de professeur, au Muséum d'histoire naturelle.

« Ce fut alors que je suivis ses leçons, et que je devins son ami, amitié dont je m'honore encore aujourd'hui.

« Vous le voyez, chers élèves, le pauvre marchand de hannetons, lui aussi, avait compté ses écus et pris son vol; une fois de plus la chenille s'était métamorphosée en papillon. Les métamorphoses de notre ami Bertrand ne devaient pas finir là. Aujourd'hui, il est membre de l'Académie des sciences, une assemblée illustre, composée de savants de toutes les espèces, mais où, jusqu'à présent, du moins, on avait vu bien rarement figurer des marchands de hannetons.

« Il n'est donc pas de petit savoir ni de sot métier quand on en sait tirer un bon parti. »

VII

Comme je terminais mon histoire, bébé Hélène vint à moi.

« Voyons, bon papa chéri, me dit-elle en me jetant ses bras autour du cou, — est-ce bien vrai tout ce que tu nous as dit là sur les fourmis et sur les autres petites bêtes? Mais qui donc leur a donné tant d'esprit? Il faut bien que quelqu'un leur ait appris ce qu'elles savent.

— Oui, mon enfant, ce quelqu'un qui veille sur elles et, en même temps, sur tous les êtres de la création, qui sait les divers langages dont se servent tous ceux à qui le don de la parole a été refusé, qui s'entretient tout bas avec les petits oiseaux au milieu des herbes et sous la feuillée des arbres; avec les petits poissons, sur le bord des ruisseaux et sous les flots de la mer; qui, aux uns et aux autres, signale la nourriture qui leur convient, les dangers qu'ils ont à éviter; qui fait l'éducation des fourmis et des papillons, qui apprend à l'araignée à tisser sa toile, qui se glisse dans le nid des moucherons ou dans l'alvéole de la jeune abeille, qui se retrouve partout, dans le palais des princes comme sur le fétu de paille où se tient la bête à bon Dieu, je t'en ai parlé déjà, chère enfant, c'est la BONNE PETITE DAME.

— J'allais le dire ! exclama Fernand !

— Mes amis, ajoutai-je, il est temps de songer à la rejoindre. Nous la retrouverons à coup sûr auprès des deux sœurs. D'Animalia et de Végétalia nous avons suffisamment parcouru les domaines ; mais j'ose vous prédire que la bonne petite Dame nous donnera bientôt des nouvelles de la troisième fille de la Gigogne, la pauvre Minéralia, dont nous n'avons plus entendu parler. Qu'est-elle devenue, bon Dieu ! si, depuis des siècles, elle n'a eu pour toute nourriture que sa soupe aux cailloux ! »

TROISIÈME PARTIE

TROISIÈME PARTIE

CHAPITRE I

I

« Chers élèves,

« Du haut des montagnes de la lune, où elle résidait encore, la grande Gigogne n'avait pas cessé d'avoir ses regards tournés vers la terre. Voulait-elle punir ses filles cadettes de leur manque de foi envers leur aînée? L'histoire ne le dit pas, mais moi, je serais porté à le croire, car cinq ou six mois s'étaient écoulés à peine depuis leur traité fait à part, qu'elles étaient reprises de plus belle de ce manque d'appétit, de ce dégoût qu'elles avaient pensé pouvoir vaincre par le mélange de leurs produits alimentaires.

« — Toujours des fruits fades ou sucrés!

« — Toujours du poisson sans saveur !

« — Toujours des viandes rôties !

« — Toujours des légumes cuits sous la cendre ! » répé-
taient-elles à tour de rôle.

« — La viande bouillie serait peut-être plus appétissante ! »
disait Végétalia.

« — Les légumes cuits dans l'eau pourraient être un
« régal ! » répondait Animalia ; mais, entre l'eau et le feu,
« sont-ce mes vessies de porcs ou vos écuelles de bois qui
« pourraient résister ? »

« Et toutes deux se décourageaient, et toutes deux remai-
grissaient à vue d'œil. »

II

« Un jour que, sous la grande tente de cuir, devant leur
dîner servi, elles restaient les bras ballants et la bouche
fermée, une petite paillette d'or scintilla tout à coup sous
leurs regards, tourna ensuite en cercle, et du milieu de ce
cercle, qui allait en s'agrandissant, une joyeuse et mignonne
figure leur sourit.

« L'instant d'après, la bonne petite Dame était devant
elles.

« Holà ! mes belles amies, » leur dit-elle en riant de leur
mine piteuse, « qu'avez-vous donc à désirer encore ? Votre
« table n'est-elle pas magnifiquement fournie ? Pain, pois-
« son, gibier, herbes potagères, rien n'y manque, sinon
« peu de chose, un n'importe quoi ! et, réjouissez-vous, ce
« peu de chose, ce n'importe quoi, je vous l'apporte ! »

« Alors, entr'ouvrant sa petite main, elle en laissa tomber
sur les différents mets une poudre blanchâtre, qui, en les
touchant, se changea en gouttelettes de rosée. « Ce n'est pas
« là de la poudre à perlimpinpin, » leur dit-elle, « c'est de
« la pure essence d'appétit : essayez-en ! »

« Les deux sœurs firent un effort pour manger ; tout leur
parut délicieux ; le poisson lui-même avait une saveur
exquise.

« — Merci ! merci ! amour de fée, » s'écria Animalia,
la bouche encore pleine ; « de cette délicieuse poudre nous
« apportez-vous un approvisionnement complet ?

« — Hélas ! » lui répondit la visiteuse, « à grand'peine
« j'ai pu me procurer ce simple échantillon, recueilli furti-
« vement par moi dans une partie souterraine des mon-
« tagnes, où il en existe cependant des blocs énormes ; cette
« matière précieuse se trouve répandue aussi au milieu des
« eaux de la mer ; mais des montagnes, comme de l'Océan,
« il vous est interdit de l'extraire, car cette essence de vie et
« de bien-être, utile à l'homme comme aux animaux,
« comme aux plantes, c'est le *sel*, et le sel, il appartient de
« droit à votre sœur Minéralia, dont vous vous êtes si peu
« souciées.

« — Nous l'avons cherchée longtemps, » dit Animalia en
rougissant un peu.

« — Votre sœur, et non vous, l'a cherchée, mais en
« vain, » lui répondit vertement la bonne petite Dame, qui
avait cessé de rire ; « moi, plus heureuse, j'ai trouvé le lieu
« de sa retraite. Je l'y avais déjà visitée autrefois, il est vrai,
« et ne pouvant rien pour elle, vu le terrible serment par
« lequel vous veniez de vous engager toutes trois, je n'avais
« pu alors lui être secourable qu'en lui envoyant le som-
« meil, le sommeil qui fait taire à la fois le besoin et la
« douleur. Elle a dormi sept cents ans. Aujourd'hui, je l'ai
« réveillée, la trêve expirant demain.

« — Où est-elle ? s'écria Végétalia ?

« — Comment est-elle ? » demanda sa sœur.

« — Elle est fort en colère, je vous en préviens, mes
« belles amies. Avant d'ouvrir les yeux, elle paraissait déjà
« furieuse contre vous ; un songe venait de lui révéler le

« peu de cas que ses cadettes ont fait de son droit d aînesse.
« Et maintenant, adieu et bon appétit. »

« Et la bonne petite Dame disparut, on ne sait comment,
pour se rendre on ne sait où, peut-être auprès d'un papillon
malade.

III

« Le lendemain, dans cette même île des Nénufars, où
s'était anciennement conclue la trêve, les deux sœurs arrivèrent les premières, et assez soucieuses.

« Elles avaient cru devoir, pour la circonstance, ne se
vêtir qu'avec la plus grande simplicité, et seulement des produits qui leur appartenaient en propre.

« Animalia portait une robe de lainage, épinglée avec des
piquants de hérisson, et retenue à la taille par une ceinture
de cuir. Sur ses larges épaules, une peau de bœuf, soigneu-
sement tannée, le poil en dehors, était jetée en guise de
manteau. L'extrémité supérieure de la peau du bœuf, lui
recouvrant la tête, comme un capuchon, laissait pointer
deux longues cornes, reliées entre elles par un cercle
d'ivoire ; c'était là son diadème et son unique ornement de
luxe.

« Quant à Végétalia, elle portait une longue robe de
mousseline blanche, faite du lin le plus pur. Elle venait de
découvrir que la tige du *lin* donnait un fil comme celle du
chanvre, fil plus fin, plus léger, qui aujourd'hui nous sert
à fabriquer des *blondes* et des *dentelles*. Les jolies fleurs de
cette plante élégante étaient tressées en couronne sur son
front. Ne lui fallait-il pas aussi son diadème à cette reine des
végétaux ?

« Toutes deux, l'une pour l'amour du sel, qu'elle avait

trouvé si fort de son goût, l'autre pour l'amour de la paix,
qu'elle avait toujours aimée, avaient emporté diverses provisions pour en faire hommage à leur sœur aînée, condamnée
au jeûne absolu depuis si longtemps ; elles s'étaient même
approvisionnées de bons vêtements, la jugeant devoir être.
de ce côté, dans un dénûment non moins complet.

« Aussi quelle ne fut pas leur
surprise, je dirai même leur
épouvante, lorsque, sur une des
sommités de la montagne qui
s'élevait devant l'île des Nénufars, elles virent apparaître une
espèce de fantôme menaçant, à
la face pâle et décharnée, mais
dont le corps toutefois, semblait beaucoup plus étoffé que la
figure.

« C'était Minéralia ! »

(Ici, mouvement marqué sur la
banquette et sur les chaises.)

« Minéralia, continuai-je, portait une robe d'étoffe brillante,
toute lustrée, que le soleil cou-
chant faisait resplendir de feux ;
sa poitrine était recouverte d'une
cuirasse de fer ; son front dispa-

Lin.

raissait sous un large casque de fer, surmonté d'une den-
telure d'acier fin et poli ; sa ceinture était de fer ; le fer
avait fourni le grand sabre qui y pendait, comme la lourde
lance qui brillait dans sa main. Tout en elle respirait la
guerre : à mesure qu'elle se rapprochait, la guerre éclatait
dans son regard, dans sa démarche, aussi bien que dans son
costume ; ses yeux lançaient des éclairs, sa bouche murmurait
des menaces..... »

IV

« Mais, me direz-vous, comment Minéralia, tirée à peine de son sommeil, avait-elle pu se procurer cette armure formidable? Ah! c'est que bien des choses s'étaient passées pendant qu'elle dormait.

« Les hommes, ces mêmes hommes qui déjà tiraient si bon partie des trois talismans de Végétalia et des conquêtes d'Animalia, avaient trouvé moyen de pénétrer dans les montagnes où reposait la troisième sœur. Ne s'étant engagés à rien vis-à-vis d'elle, ils avaient creusé, fouillé le sol, et, en fouillant, en creusant, découvert des trésors, c'est-à-dire des *métaux*, entre autres le *fer*, le plus précieux de tous, plus précieux que l'argent et que l'or, car il a créé mille industries et fourni le soc de la charrue.

« Cependant, que de peines ces premiers fouilleurs de mines ne se donnèrent-ils pas avant de pouvoir fabriquer non un casque, non une lance, mais une simple tringle, même un clou!

« Le fer, chers élèves, n'existe point dans le sein de la terre en gros morceaux, en barres, comme quelques-uns pourraient le croire; il s'y trouve en petites parcelles, mêlées à des sables, à des matières charbonneuses; le tout nommé *minerai*, comme provenant de la *mine*. Pour en extraire le fer, on jette le minerai dans de grands fourneaux, où, en brûlant, les petites parcelles fondent et tendent à se réunir : les matières terreuses, plus légères, s'évaporent ou montent en dessus; on écume, on écume encore. C'est un genre de cuisine comme un autre; mais à cette cuisine-là il faut bien se garder de goûter avec le bout du doigt.

« Quand le fourneau, bien écumé, ne contient plus qu'un

Elles virent apparaître une espèce de fantôme menaçant. (Page 337.)

mélange de fer et de charbon minéral, ce qui reste se nomme la *fonte*.

« La fonte peut déjà servir à la fabrication de certains ustensiles grossiers, mais ce n'est pas encore là du vrai fer ; le vrai fer, on ne l'obtient que grâce à de nouvelles opérations, inutiles à détailler.

« Revenons à notre héroïne, si promptement armée de pied en cap.

Minerai de fer.

« Donc, les hommes qui avaient établi leurs forges et leurs fourneaux dans les montagnes de Minéralia étaient des armuriers, et ces armuriers avaient reçu une commande considérable d'un géant, grand guerrier, habitant une des contrées voisines. Voilà comment Minéralia trouva sur-le-champ une armure à sa taille ; elle n'eut qu'à choisir et ne se gêna pas. N'était-elle pas, de fait, la souveraine du lieu ? »

V

« Maître, me dit Adolphe, vous avez, à propos de l'armure de Minéralia, parlé non-seulement du fer, mais de l'acier, et Pharamond me demande quelle est la différence entre l'acier et le fer. Je ne sais trop quoi lui répondre, je l'avoue.

— Dites à Pharamond que l'*acier* n'est autre chose qu'un fer de première qualité qu'on a trempé dans une eau froide après l'avoir passé au feu ; d'où le nom d'*acier trempé*. Il y a encore... mais je ne prétends pas faire de vous, mes amis, de savants *métallurgistes*...

— Ah ! pourquoi donc pas? » demanda bébé Hélène, qui, depuis quelques instants, accroupie devant son fameux tiroir, s'occupait beaucoup plus de ses chiffons que de mes explications sur la fonte, le fer et l'acier.

Au moment où, reprenant le cours de mon histoire, j'en revenais à Minéralia :

« Monsieur, interrompit à son tour Marie D..., vous nous avez montré Minéralia portant une robe d'étoffe, toute brillante, et qui reluisait au soleil. Pardon, cette étoffe brillante ne pouvait être que de la soie, et la soie n'est pas une substance minérale. Minéralia n'aurait donc pas dû en faire usage.

— C'est juste ! c'est juste ! cria-t-on de tous côtés.

— C'est une distraction ! dit Maurice, se mettant en devoir de prendre ma défense; n'oncle s'est trompé, quoi! Ça peut arriver à tout le monde ! ça m'est arrivé à moi-même.

— Eh bien ! répliquai-je, voyons, mes amis, je vous propose une *devinette* sur l'étoffe en question.

— Est-ce animal? se hâta de demander Fernand.

— Non.

« — Tiens ! ce n'est donc pas de la soie ? Et ça brille ?

— Oui.

— C'est végétal, alors ! dit Louisette V...

— Non. (Surprise générale.)

— Si c'est minéral, reprit Émilie en regardant Maurice, bon papa ne s'est donc pas trompé ?

— Non.

— Il y a donc des étoffes minérales ?

— Oui.

— Je sais ! je me rappelle ! s'écria Adolphe : les Romains brûlaient leurs morts dans une certaine toile... attendez !... la *toile d'amiante*.

— J'allais le dire ! » interrompit Fernand.

Je n'en décernai pas moins à Adolphe l'honneur de la devinette.

« L'*amiante*, mes amis, est une matière fibreuse, une apparence d'étoupe, qui se forme, comme en cristallisation, du mélange de diverses terres. Cette substance, quoique pierreuse, est douée d'une certaine souplesse ; aussi est-on parvenu à la tisser, à la filer : on en a fait de la toile, des nappes, des serviettes. Cette toile d'amiante, qui avait fourni la robe de Minéralia, présente une particularité curieuse : lorsqu'elle est salie, pour la blanchir, il n'est pas besoin de la passer à l'eau, de la frotter de savon ; on la jette au feu tout bonnement, après quoi on la retire nette et propre. Le feu, qui n'entame en rien son tissu, n'a fait disparaître que ses taches.

— Ah ! mais c'est très-bon à savoir, ça, dit Fernand. Maman me reproche toujours de salir mes pantalons ; qu'elle m'en fasse faire d'amiante, je me charge de le jeter moi-même au feu, et la blanchisseuse n'aura rien à y voir ! »

VI

Après cette longue interruption :

« Chers élèves, dis-je, occupons-nous un peu moins du costume de Minéralia et un peu plus de sa personne ; retournons à l'île des Nénufars, où les trois sœurs vont enfin se trouver en présence… Du reste, rassurez-vous, mes amis ; les épouvantables luttes des anciens temps ne devaient plus se renouveler. Dès qu'elle vit ses sœurs s'avancer vers elle en lui tendant les bras, Minéralia sentit son cœur s'amollir sous son armure de fer, et, la voix de la nature se faisant entendre, elle se mit à fondre en larmes.

« Au milieu de cet attendrissement, la bonne petite Dame survint à propos pour régler les conditions de la paix définitive. C'est ici qu'arriva un fait très-curieux, et qui mérite de vous être redit.

« Pour célébrer leur réconciliation, les trois filles de l'illustre Gigogne résolurent de dîner ensemble, dans l'île même des Nénufars. Sur-le-champ, avec l'aide de la bonne petite Dame, elles s'occupèrent des préparatifs du repas.

« Les deux cadettes, à l'avance, avaient apporté des provisions : le grand sabre de Minéralia servit à découper la viande ; sa lance tint lieu de broche pour le rôti. Mais attendez !

« Comme l'aînée des sœurs se débarrassait de son attirail de guerre, son casque, se détachant, alla rouler jusqu'au milieu du feu préparé pour le rôti.

« — Remerciez le hasard ! » s'écria la bonne petite Dame, en versant dans le casque l'eau d'une source voisine : mes belles amies voulaient faire connaissance avec la viande bouillie ; voilà la marmite qui, d'elle-même, vient se poser sur le feu et s'y tiendra plus vaillamment que n'aurait pu faire la vessie du porc ou la sébile de bois ! »

« Dans cette marmite improvisée, Animalia déposa la viande ; Végétalia, les légumes ; Minéralia, le sel.

« Ainsi, chers élèves, le pot-au-feu devint le premier témoignage de l'union des trois sœurs. Chacune y avait contribué pour sa part. Ce fut leur arche d'alliance. Et voilà pourquoi le pot-au-feu est resté chez nous l'emblème du ménage et semble rallier la famille autour de lui !..... Attendez encore ! »

VII

« Le soir était venu, le dîner s'achevait ; la soupe avait été excellente et le bœuf cuit à point. Honteuses de leurs querelles passées, de leurs bouderies, qui avaient duré sept cents ans, les trois sœurs se tenaient embrassées, se jurant pour l'avenir une concorde éternelle et une amitié à toute épreuve, lorsque éclata un grand coup de tonnerre, qui remplit la terre et le ciel de bruit, de clartés et d'éblouissements.

« Au même instant, la lune, une lune immense, apparut à l'horizon. Devant sa face pâle, une multitude d'oiseaux volaient à tire-d'aile, se rapprochant de la terre. Ces oiseaux, c'étaient des cigognes, et ces cigognes servaient de monture à différents personnages étranges, ceux-ci habillés de blanc des pieds à la tête, ceux-là bariolés de couleurs. Il y en avait quatre, plus grands, plus importants que ceux de cette avant-garde. Galonnés sur toutes les coutures, coiffés d'un chapeau à haute forme, ils étaient gracieusement ornés d'une bosse par devant et d'une bosse par derrière, et semblaient porter les bagages de la troupe. A l'arrière de la caravane, trois autres arrivants n'avaient pour seul signe

distinctif que des gants blancs, un bouquet à leur boutonnière
et une énorme corbeille sous leur bras. Évidemment, c'étaient
les futurs époux destinés aux trois sœurs.

« Au milieu de tous, la grande Magicienne, assise sur son
char, ayant près d'elle l'illustre Parafaragaramus, s'avançait
au plein vol de son attelage emplumé.

« Elle venait bénir la réconciliation de ses filles et apportait à chacune d'elles, comme récompense, un mari !

VIII

« Vous le voyez, chers élèves, nous voici rentrés dans notre
conte, ou plutôt dans notre histoire de la Gigogne, qui touche
à sa fin, il est vrai, car je vous en ai dit à peu près tout ce
que j'en sais.

— C'est dommage ! murmurèrent quelques voix.

— Quelle drôle de madame Gigogne, on ne la voit que
paraître ! dit Louisette V...

— Je fouillerai de nouveau dans mes vieux livres, mes
amis, et si je trouve une suite à notre histoire, je vous en
ferai part, je vous le promets.

— Le maître trouvera, dit Adolphe. N'est-ce pas, Pharamond ? »

Ces oiseaux, c'étaient des cigognes qui servaient de montures à différents personnages étranges. (Page 345.)

CHAPITRE II

I

Le même soir, en famille, on causa de la réconciliation des trois sœurs, surtout de l'arrivée des trois prétendus. On se les représentait avec leur gros bouquet à la boutonnière et leur corbeille de mariage sous le bras, comme trois grands dadais tombés de la lune. C'était à qui se moquerait d'eux.

Seule, bébé Hélène était restée sérieuse; elle réfléchissait.

« Bon papa chéri, puisque la Gigogne va marier ses filles, pourquoi ma sœur et moi ne ferions-nous pas comme elle? Nos poupées sont en âge. »

Émilie déclara y avoir déjà songé pour Zéphirine. Il ne fut plus alors question que du mariage de Zéphirine, et ce fut à qui lui trouverait un mari.

Fernand proposa son zouave. Émilie ne voulait pas d'un militaire pour sa fille, mais bien d'un époux qui ne quittât jamais le logis.

Bébé Hélène mit en avant monsieur Ronron, son chat. Il

ne sortait jamais de la maison, celui-là ! Émilie indignée repoussa la proposition ; c'eût été une mésalliance.

Le bruit de ces folies, de ces projets de mariage pour rire, se répandant, tous les polichinelles de la classe ne tardèrent pas à se mettre sur les rangs. On pensait que Pharamond aurait la préférence; il n'en fut rien. A l'avance, la petite maman avait fait un choix pour sa fille. Ce choix était tombé sur ce joli Rinaldo avec qui Zéphirine avait dansé au bal de poupées donné par madame D....

Je feignis de prendre au sérieux la déclaration d'Émilie et lui fis observer, avec toute la gravité possible, que le plus pressé, la chose essentielle avant tout, était d'aller aux informations sur le jeune homme et sur sa famille.

Je m'en chargeai ; j'y mis tous mes soins, et, quelques jours après, je fus à même de donner déjà quelques renseignements de la plus haute importance.

II

Hasard merveilleux ! la famille du jeune polichinelle Rinaldo avait pour première et illustre origine la toute-puissante Magicienne elle-même.

Celle-ci, qui, sur la terre, n'avait donné le jour qu'à trois filles, se trouvait, à son retour de la lune, accompagnée de seize grands garçons, dont quatre polichinelles, le vrai portrait de leur père, cinq pierrots, pâles comme la lune, d'où ils étaient sortis, et sept arlequins, lesquels, en traversant l'arc-en-ciel, avaient gardé l'empreinte de ses diverses couleurs. A la suite, venaient une multitude de garçonnets, de fillettes, de bébés de toutes les espèces, si nombreux que la grande Magicienne ne savait plus où les mettre. Comme ils étaient encore incapables de se tenir solidement à dos de cigogne, dans sa dernière traversée elle en avait fourré la plus grande partie sous ses jupons, ou entre les jambes de son noble époux, l'illustre Parafaragaramus.

C'est à partir de ce moment, où la maternité jouait un si grand rôle dans son existence, que l'on commença à l'appeler simplement LA MÈRE GIGOGNE, ou plus simplement encore : LA MÈRE.

Pour faire connaître à Émilie et à Zéphirine la descendance directe du jeune Rinaldo, je dus entrer dans quelques détails sur les quatre premiers seigneurs Polichinelles qui aient paru dans le monde

III

« Comme ils étaient les aînés de tous les autres garçons, ces nobles seigneurs, LA MÈRE crut devoir leur donner une haute position sociale, en rapport avec celle qu'elle avait faite à ses trois filles. Elle distribua entre eux les quatre Éléments, la *Terre*, le *Feu*, l'*Eau* et l'*Air*, laissant chacun d'eux se creuser l'esprit, s'il en avait, pour tirer parti de son lot.

POLICHINELLE DE LA TERRE, le grand aïeul de notre jeune homme, se fit potier, fabricant de pots, de briques et de vaisselle de toute sorte. Mais que de mal il dut se donner avant de réussir complétement !

« Dans le lit des rivières et des ruisseaux, il l'avait remarqué, la terre retient l'eau sans la boire ; il prit, au bord des rivages, de cette terre qu'on nomme *argile*, mélangée de *glaise* et de *sable ;* il la pétrit, lui donna une forme d'assiette, de vase ou de tuile, peu importe ! et la fit sécher au soleil. Au soleil, ses poteries se fendirent ; il les mit à l'ombre, dans un courant d'air, elles y durcirent et déjà devinrent bonnes à quelque chose, pas à tout ! car l'eau suintait à travers les vases et les assiettes, sans vouloir y séjourner longtemps; et le moyen, je vous le demande, de manger la soupe dans une assiette qui fuit, ou de boire dans un vase qui vous humecte les doigts autant que la bouche ? Il se décourageait.

« La bonne petite Dame vint le voir, lui donna quelques sages avis, et, par conseil, il alla trouver son frère Polichinelle du Feu.

IV

« Polichinelle du Feu était forgeron. Profitant des découvertes faites par les hommes dans l'art de fondre les métaux et de battre le fer sur l'enclume, il avait coulé de grosses barres de fer, d'énormes plaques de bronze ou d'airain, l'airain et le bronze étant un mélange de cuivre et de divers

Maréchaux ferrants.

autres métaux. Avec ces barres de fer il façonna des grilles pour entourer l'habitation de la Mère ; avec ces plaques de bronze il lui fabriqua pour son palais des portes épaisses de dix pouces et hautes de trente pieds.

« Mais un jour la Gigogne exigea de lui une œuvre bien plus difficile encore à mener à bonne fin. Elle ordonna à son fils le forgeron de lui confectionner un cent d'épingles et deux douzaines d'aiguilles à coudre.

— Comment ! des aiguilles ? — Quoi ! des épingles ? — Ne dirait-on qu'il s'agit d'un paratonnerre ! »

A ces mots qui circulaient parmi mon gentil auditoire, je répliquai :

« Certes, mes amis, je comprends que, lorsqu'il s'agit d'une aiguille à coudre, vous vous étonniez de la difficulté qu'y pouvait trouver le second de nos frères Polichinelle. Eh bien, sachez-le, aujourd'hui que nos mécaniques sont si bien perfectionnées, avant d'arriver entre les doigts de bébé Hélène ou de la meilleure maîtresse couturière de Paris, cette petite pointe de fer si mince, si courte, qu'on nomme une aiguille, a déjà passé par les mains de cent ouvriers différents ; il a fallu *préparer* le fer, le *fondre*, le *passer à la tréfilerie*, le *tremper* pour qu'il devienne de l'acier ; puis *essayer* le fil de fer qui en résulte, pour connaître sa qualité, le *couper* à la hauteur voulue, après une sorte de *dévidage*, le *percer*, l'*épointer*, le *polir*, *arrondir la tête*. Il y a cinq actions de polissage, dont chacune se répète cinq fois. C'est à n'y pas croire. Puis, il faut assembler les aiguilles, les *compter*, les *empaqueter*, par vingt-cinq, par cent, par mille, et une foule d'autres opérations.

« Il en est à peu près de même pour les épingles, qu'on fabrique non avec un fil de fer, mais avec un fil de cuivre ou de zinc qu'on nomme fil de *laiton*. Si on ne les troue pas à la tête comme les aiguilles, on leur met une espèce de petit turban avec un laiton plus mince que celui qu'on emploie pour le corps de l'épingle elle-même. Le petit turban n'est pas une mince affaire ; il faut l'enrouler, il faut le fixer, le serrer pour que l'épingle ne se décoiffe pas sans rime ni raison ; il faut employer une manivelle, un étau, les blanchir à l'étain, comme pour l'aiguille, prendre bien d'autres soins encore. Et cependant on peut donner aujourd'hui 25 épingles pour un sou !

« La besogne va vite quand elle est partagée, et, je vous l'ai dit, chez nous elle se partage entre cent travailleurs ; mais notre forgeron était seul. En trois jours, peut-être, il fût venu à bout de faire deux douzaines de paratonnerres ; il mit trois semaines à faire son cent d'épingles et sa double douzaine d'aiguilles.

« Aussi sa joie fut-elle grande, bien grande, lorsqu'un beau matin Polichinelle de la Terre vint le trouver dans sa forge et se proposa à lui en qualité de compagnon, et d'un même accord tous deux mirent en œuvre les nombreux matériaux que leur fournissait leur puissante sœur Minéralia ?

« A grand renfort de marteau, ils battirent l'enclume ensemble.

« C'est dans cette situation de batteurs d'enclume qu'ils furent représentés par une ancienne, très-ancienne sculpture en bois, parvenue jusqu'à nous sous l'apparence frivole d'un jouet d'enfant, LES DEUX MARÉCHAUX, que tous, grands ou petits, nous avons tour à tour fait manœuvrer.

« Une fois associé avec son frère le forgeron, Polichinelle de la Terre, mettant à profit les conseils de la bonne petite Dame, passa ses poteries au feu de la forge ; l'effet de cette cuisson fut de mélanger plus fortement, de fondre l'une dans l'autre les diverses terres dont se composait son argile ; c'est ce que l'on appela des *terres cuites*, et, à partir de ce moment, ses tasses et ses assiettes ne laissèrent plus rien passer.

« Alors il construisit des fourneaux, des fours, pour tenter de nouveaux perfectionnements. Il employa une argile plus pure, plus blanche que celle de ses premières poteries, et créa la *faïence*. »

Je me retournai alors vers Maurice, qui, sur un geste, fit passer jusqu'à moi un petit ménage de poupée appartenant à Zéphirine, et que j'apercevais dans l'enfoncement du poêle.

« Chers élèves, voici de la *faïence blanche*, nommée aujourd'hui *terre de pipe*, nom qui n'a pu lui être donné par son inventeur, lequel, bien entendu, n'avait jamais connu la pipe ni le tabac.

« Après avoir trouvé le secret de la terre cuite et de la faïence, poursuivis-je, notre grand potier trouva encore celui de la *porcelaine*. Cette argile, la plus fine, la plus pure de toutes, provient de certaines roches, écrasées et fondues en une poussière blanche dans les entrailles de la terre. Cette poussière de porcelaine s'appelle *kaolin*, nom chinois, Dieu me pardonne ! Pourquoi ? C'est que l'illustre aïeul du jeune Rinaldo la découvrit d'abord dans un voyage qu'il fit en Chine et au Japon, où elle est abondante.

« Cette terre précieuse, pour mieux la faire valoir, il la recouvrit d'un *vernis*, d'un *émail* semblable à une couche de cristal, comme vous pouvez le voir sur ces petites assiettes de porcelaine.

« Notre grand inventeur ne devait pas s'arrêter là ! Il avait obtenu son émail à reflets de cristal en faisant passer par le feu un mélange de sels, de sables et de certains métaux tels que le plomb. Par un mélange à peu près semblable, il parvint à fabriquer le *verre*, le verre ! Mes enfants, comprenez bien l'importance de la découverte ! Avec le verre on fit d'abord des bouteilles et des carafes ; et, plus tard, des *vitres* pour les maisons, des *vitraux* pour les églises et des *glaces* pour se mirer ; des *verres de lampe*, des *verres de*

montre, de *lunettes*, des *lorgnettes*, des *lorgnons*, des *lon-
gues-vues*, des *microscopes* et des *télescopes*, dont les savants
ont profité pour découvrir à leur tour un tas de choses très-
curieuses.

— Avec le verre et l'émail, dit Adolphe, on a fait aussi des
yeux de poupées.

—C'est bon, c'est bon, monsieur le suppléant, lui répliqua la gentille Marie ; il est des choses de toilette dont on ne
doit pas parler devant les demoiselles. Sans qu'on ait besoin
de le leur rappeler, désormais nos filles sauront ce qu'elles
doivent à Polichinelle de la Terre, puisque, outre le verre, il
a aussi inventé la porcelaine ; la porcelaine, dont on leur fait
aujourd'hui des visages si frais et si charmants.

— Et remarquez-le bien, chers élèves, ajoutai-je, dans
ses essais de fabrication pour le service de la table, il semble
vraiment n'avoir d'abord songé qu'à vous ! car pour ménager
la matière, il dut commencer par faire de petites assiettes,
de petites soupières, de petites bouteilles comme celles que
voici, avant d'en fabriquer de grandes ; donc, à vrai dire, la
vaisselle de poupée fut la première dont Polichinelle de la
Terre s'occupa, ce qui certainement est très-honorable pour
vous, Mesdemoiselles. Tels sont les seuls renseignements que
j'ai pu obtenir sur le grand-aïeul du jeune homme ; mais
j'espère les compléter plus tard.

VI

T'oncle, demanda Fernand, et les deux autres frères Polichinelle, qu'est-ce qu'ils faisaient ceux-là ?

— Polichinelle de l'Eau s'était fait marin ; il avait inventé
les bateaux et la pêche, puis avait fini par entrer en association avec ses deux frères.

« Mais à quoi bon allonger mon rapport en vous parlant
de ces derniers qui ne furent pour Rinaldo que des grands-
oncles.....

« Cependant, repris-je, l'histoire du plus jeune des quatre
frères est assez curieuse, et, puisque je n'ai rien de mieux
à vous conter aujourd'hui, nous allons un peu causer de lui,
si vous le voulez bien. »

VII

« POLICHINELLE DE L'AIR, chers élèves, était un brave
garçon, un peu nigaud, un peu paresseux, n'ayant pas
grand'chose à faire, il est vrai. Les bateaux étant alors simplement armés de rames, il n'avait pas à souffler dans leurs
voiles. Pour la plupart du temps, frileux, à moitié transi, il
se tenait dans un coin de la forge, s'amusant à tisonner, à
raviver le feu, ou à remuer les cendres ; aussi, dans sa famille, l'avait-on surnommé *le petit Cendrillon*. A vrai dire,
on le traitait comme un propre à rien, à ce point que ses
frères avaient refusé de l'admettre dans leur association ; et
c'était contre lui des plaisanteries de tous les instants sur
sa légèreté, sur son peu de constance ; on lui disait qu'il
n'était bon qu'à balayer la poussière des chemins et à faire
tourner les girouettes, et que, si jamais il devenait père, ses
fils n'auraient à exercer d'autre métier que celui de marchand de soufflets.

« Notre petit Cendrillon, tout nigaud et tout bonhomme
qu'il était, n'en avait pas moins fini par s'attrister grandement d'être ainsi pour tous un objet de dédain et de risée.
Mais, comme à la Cendrillon du conte, une fée allait venir à
son secours. Cette fée, ce fut la bonne petite Dame.

VIII

« Un matin que, murmurant tout bas contre le sort, il poussait des soupirs qui faisaient s'agiter le feuillage autour de lui, il la rencontra sur sa route, et se plaignit devant elle d'avoir été si mal partagé dans la distribution des Éléments.

En effet, disait-il, la Terre fournit toutes les argiles, tous les sables, tous les métaux ; l'Eau et le Feu sont indispensables pour une foule d'usages et de nécessités ; mais l'Air, à quoi sert-il ? On ne vit pas d'air ; l'air n'est utile ni pour la nourriture, ni pour le logement, ni pour le vêtement. La preuve, c'est que mes trois grandes sœurs, si favorables à mes frères, comme eux, n'ont pour moi que mépris ou pitié ; je ne peux rien !

— Tu peux tout! » lui répondit la bonne petite Dame ; « mais tu ne connais pas ta puissance. Veux-tu qu'on te « respecte? Réveille-toi, sors de ton engourdissement habi- « tuel, souffle de toutes tes forces ; tu vas voir ! »

« Polichinelle de l'Air, pour la première fois de sa vie, souffla vigoureusement, et les arbres craquèrent, quelques-uns s'abattirent ; les nuages couraient dans le ciel et se heurtaient avec de grands retentissements ; le tuyau de la forge, quoique solidement construit en briques dures, fut enlevé comme un fétu de paille ; le feu du foyer, dispersé par la violence du vent, porta l'incendie jusqu'au sommet des montagnes ; les fleuves se gonflèrent comme une eau bouillante, envahirent leurs rivages, et, malgré les efforts des rameurs, jetèrent les bateaux à la côte.

« Les trois autres frères accoururent :

— A quoi penses-tu, garnement ! lui crièrent-ils ; tu n'as donc de puissance que pour le mal? Par l'ordre de la Mère,

Malgré les efforts des rameurs, les bateaux furent jetés à la côte. (Page 558.)

tiens-toi tranquille, ou tu vas être renvoyé dans la Lune ; on peut se passer de toi ici-bas ! »

IX

« Les frères partis, Polichinelle-Cendrillon, tout honteux du mal dont il était cause et de la verte réprimande qu'il venait de recevoir, se tourna, l'œil inquiet, vers la petite fée, et du ton le plus penaud ;

« Dois-je lui obéir ? lui demanda-t-il.

— Oui ; obéis-leur ; et, puisqu'on peut se passer de tes services, tiens-toi tranquille, retiens complétement ton haleine, fais le mort ; ils vont bientôt revenir crier grâce à tes pieds. »

« Polichinelle-Cendrillon obéit. Il fit le mort.

« L'air alors, mes amis, manqua à la fois partout, et partout ce fut un tableau de désolation. Les oiseaux tombaient des arbres comme s'ils avaient été frappés par la foudre ; les poissons flottaient sur l'eau, ne montrant plus que les écailles argentées de leur ventre ; les grands troupeaux d'Animalia, les yeux injectés de sang, haletaient avec effort, couchés sur la terre ; l'herbe des prairies, le feuillage des forêts, se ratatinaient, se desséchaient ; l'écorce des chênes se fendait du haut en bas, mieux que sous la serpe du bûcheron ; les feux, allumés çà et là, s'éteignaient subitement ; la lumière du soleil allait en s'affaiblissant de plus en plus ; le ciel devenait noir, et un froid pénétrant couvrait déjà la rivière de glaçons.

« Si les choses avaient duré ainsi dix minutes de plus, chers élèves, en vérité, c'était la fin du monde.

« Ainsi que l'avait annoncé la fée, les trois frères revinrent bientôt, en suppliants, en désespérés ; derrière eux se tenaient les trois grandes sœurs, Végétalia, Animalia et Minéralia.

« Alors la bonne petite Dame, se montrant, ce qu'elle n'avait pas fait la première fois, leur dit :

« A tort vous avez méprisé votre frère ; vous vous êtes ri de lui comme indigne, et il est plus puissant que vous, car vous ne pouvez rien que par lui. Sans air, le feu n'existe pas ; l'air est l'aliment de la flamme, comme il l'est de toute lumière ; sans air, la parole humaine et le bruit même du tonnerre seraient supprimés, car le son a besoin de l'air pour se faire entendre ; sans air, ni les plantes ni aucune créature ne pourraient vivre ; vivre, c'est respirer. L'air circule dans l'eau, dans la terre, comme dans le feu ; il circule en nous, dans notre sang, aussi bien que dans la séve des arbres, et vos trois Éléments, vous le voyez, ont besoin que ce quatrième leur vienne en aide !

« Ainsi qu'avaient fait les trois sœurs dans l'île des Nénufars, les quatre frères se tendirent la main.

« On finit toujours par s'entendre, mais c'est par là qu'il faudrait toujours commencer. »

X

« Telle est, mes amis, l'histoire véridique des quatre premiers seigneurs Polichinelle ; voilà où j'en suis de mes recherches sur l'origine du jeune Rinaldo ; je compte les poursuivre, et arriver enfin à un résultat définitif et de plus en plus satisfaisant. Ce sera, je l'espère, le sujet de notre prochaine séance. »

CHAPITRE III

I

Aujourd'hui, je suis arrivé muni de tous les renseignements désirables. Aussi, en prenant possession de mon fauteuil, j'eus de la peine à dissimuler la vaniteuse émotion qui
m'agitait.

J'annonçai alors à mes auditeurs que j'allais leur raconter
les aventures d'un autre Polichinelle, un des grands-aïeux de
notre jeune homme, aventures tellement merveilleuses,
tellement extraordinaires, tellement incroyables, que j'aurais
refusé d'y croire si elles ne m'avaient été certifiées par trois
avocats et deux notaires. Nous arriverions ensuite à ce qui
regardait personnellement le futur.

A cette annonce, tout mon monde parut enchanté, à l'exception d'Émilie et de Zéphirine. Peut être auraient-elles
préféré me voir commencer par la fin.

Je pris la parole.

II

« Chers élèves, le Polichinelle, dont j'ai à vous faire connaître les hauts faits, était né le plus curieux et le plus intrépide de tous ceux de sa race. Désireux d'étonner le monde par quelque grande entreprise, par quelque voyage aventureux, il se demandait quel pays lui restait à découvrir que ses ancêtres n'eussent déjà parcouru. Animalia et Végétalia avaient visité la terre dans tous les sens ; la Gigogne et Parafaragaramus avaient poussé leur course jusque dans la lune ; il résolut, lui, d'entreprendre un voyage aux enfers.

— Aux enfers ! s'écrièrent à la fois gouverneurs et répétitrices.

— Ça va être chaud ! murmura Adolphe.

— Oui, mes enfants, ce n'est rien moins que d'une descente aux enfers qu'il s'agit ici. Ne vous avais-je pas annoncé quelque chose d'incroyable, d'extraordinaire ?

« Polichinelle, pour arriver à son lieu de destination, devait se frayer un chemin sous la terre, de sa surface à son centre ; entreprise difficile, que les taupes elles-mêmes n'oseraient tenter.

« Par bonheur pour lui, il possédait un bâton merveilleux, semblable à un bâton de maréchal de France, ou plutôt à un long bâton de sucre de pomme de Rouen ; un bâton à trois fins, puisqu'il pouvait s'en servir comme d'une canne pour s'appuyer, comme d'une arme pour se défendre, enfin, comme d'un pic pour creuser le sol. Depuis, c'est avec ce fameux bâton que les Guignol et les Séraphin nous ont représenté tous leurs polichinelles de parade.

« Après avoir à l'avance rempli ses deux bosses de provisions, Polichinelle se mit à la besogne, fouilla le sol de son bâton; le voilà en route, ne s'attendant guère aux rencontres qu'il allait faire durant sa traversée; car la terre, mes bons amis, renfermait alors tous les esprits mystérieux, toutes les découvertes futures qui devaient nous étonner plus tard par leur apparition. C'était comme qui dirait : les fantômes de l'avenir !

III

« Bon papa chéri, s'écria Hélène, ne nous parle pas de fantômes, je t'en prie ; Bijoute en a peur.

— Elle n'aurait pas eu peur, ma mignonne, de celui qui se présenta d'abord à notre voyageur. Polichinelle venait de pratiquer sa première fouille, lorsqu'il aperçut, presque à fleur du sol, un joli petit Monsieur, tout pimpant, tout brillant, argenté comme un poisson. »

« — Par l'enfer! où je me rends de ce pas, d'où sortez-vous, l'ami? lui dit Polichinelle.

« — Je sors de cette argile, de ces terres glaises, d'où votre grand-père le potier n'a su tirer que des tuiles, des briques et ses faïences les plus communes.

« — Votre nom, l'ami?

« — Je me nomme *Aluminium;* un jour, j'étonnerai le monde, qui ne comprendra pas comment avec de la glaise on a pu faire de l'argent ! »

« Chers élèves, en effet, de notre temps, un savant chimiste a trouvé moyen d'extraire de l'argile un métal précieux qui ressemble à l'argent, un peu aussi à l'étain, et qui n'est ni de l'argent, ni de l'étain ; c'est l'*aluminium,* dont on fait aujourd'hui une foule d'objets d'art et de bijouterie.

« Polichinelle, ne s'attendant pas à pareille rencontre, ne savait s'il devait croire à ce qu'il voyait, à ce qu'il entendait, et, pour bien s'assurer de l'existence du petit compère Aluminium, il lui donna une pichenette sur le nez, et l'envoya

Aluminium.

rouler à dix pas de là, car l'aluminium est le plus léger des métaux.

IV

« Il traversa alors des bancs de *craie*, puis des bancs de plâtre, n'y trouvant rien de remarquable, sinon quelques jolies *pierres à Jésus*, qui ne sont autres que du plâtre cristallisé; il en mit une dans sa poche pour ses enfants, car c'était un excellent père de famille.

« Il arriva ainsi, presque de plain-pied, dans de vastes carrières, dont les voûtes étaient soutenues par de hauts piliers en *moellons* et en *pierres de taille*. A la base d'un de ces piliers, il aperçut une espèce de géant, un grand Carrier, assis, les bras croisés ; et ses bras étaient de fer, et ses ongles étaient d'acier. »

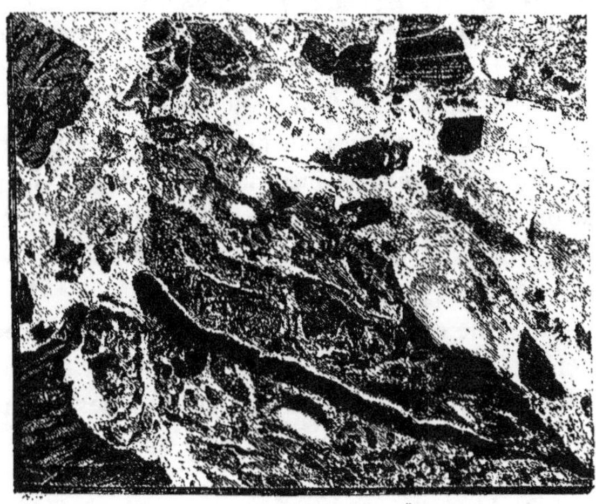

Marbre.

« Que fais-tu là, dans cette cave humide et malsaine ? lui dit Polichinelle.

« — Je me repose, lui répond le géant ; tous mes préparatifs sont faits, tous mes matériaux disposés ; je me repose en attendant le moment de les mettre en œuvre ; et c'est alors que là-haut on criera au miracle, car une grande et glorieuse ville, qu'on nommera Paris, doit sortir de ces carrières. Oui, Polichinelle, mon ami, un jour, on taillera ces moellons ; le plâtre, que tu as rencontré sur ta route, servira à les relier, à les souder les uns aux autres ; de ce plâtre, cuit dans les fours, on fera de la *chaux* ; avec cette chaux et un mélange de sable, on fera du *ciment*, du *mortier* ; et, sur une surface de plusieurs lieues, s'élèveront des églises, des palais, des quais, de longues avenues de maisons et d'hôtels, capables de contenir un peuple. Polichinelle, mon ami, je te le répète, Paris tout entier sortira d'ici ! je tiens là, en réserve, des montagnes de *grès* pour paver ses rues ; des montagnes d'*ardoises*, feuilletées comme de la galette, pour couvrir ses toitures ; des montagnes de *marbre* pour décorer ses monuments et dresser des statues à ses grands hommes ; faute de marbre, en mêlant au plâtre une eau de gomme, nous ferons du *stuc*, qui ressemble au marbre. Cette matière noire et luisante que tu vois là, c'est de l'*asphalte*, c'est du *bitume*, résines minérales, dont je ferai, en les mêlant à de petits cailloux, les trottoirs de ses boulevards splendides, et, grâce à moi, Paris sera la merveille du monde, la reine des cités !

« — La reine des cités, c'est GIGOGNOPOLIS ! La ville bâtie en l'honneur de ma grande aïeule Gigogne par ma grande-tante Végétalia, avec du bois de cèdre et des toitures de roseau, lui répondit Polichinelle, qui conservait un culte filial pour ses illustres ancêtres.

« — Gigognopolis n'est qu'une bicoque ! » répliqua le grand Carrier. »

« Malgré sa patience naturelle, notre voyageur ne put retenir un mouvement de vivacité ; il s'élança vers l'insolent, et lui fit sentir la pesanteur de son bâton. Le géant ouvrit alors ses bras de fer, allongea ses griffes d'acier, et Polichinelle, qui possédait toutes les vertus, même la prudence, s'enfuit à toutes jambes.

« Que fais-tu là, dans cette cave humide et malsaine? » lui dit Polichinelle.
(Page 367.)

V

« Toujours courant, il trouva devant lui une grotte d'un aspect singulier. Des colonnettes, de toutes formes, de toutes grandeurs, y figuraient des buffets d'orgue ; les unes semblaient sortir de terre, les autres pendaient à la voûte.

« Une femme charmante vint le recevoir sur le seuil, en lui souhaitant la bienvenue ; c'était la fée ALBATRINE. Polichinelle, tout essoufflé, tout ahuri, ne sut répondre à ses politesses que par ces mots :

« Madame... le chemin des enfers, s'il vous plaît ?

« — Monsieur, lui répliqua-t-elle en souriant, c'est plus bas, beaucoup plus bas ; mais, ne me ferez-vous pas l'honneur de vous arrêter un instant sous mon toit ? »

« Et Polichinelle paraissant s'étonner devant les merveilles de sa grotte, la charmante Albâtrine lui expliqua comment l'eau, en s'infiltrant à travers la terre, s'épaissit au contact de diverses substances pierreuses. Dans cet état, vient-elle à rencontrer la voûte d'une caverne, elle s'y arrête, s'y durcit, et, continuant de s'accumuler, produit ces colonnettes pendantes, qui s'allongent de haut en bas ; cette eau n'est-elle pas suffisamment chargée de sucs pierreux, tombant goutte à goutte sur un même point du sol, elle forme ces autres colonnettes qui se dressent de bas en haut.

« — Quoi qu'il en soit, ajouta la fée, les unes et les autres fourniront un *albâtre* précieux, dont on fera des socles ou des boîtes de pendules, quand il y aura des pendules, et toutes sortes de beaux ornements de sculpture, quand il y aura des sculpteurs. »

« Pour la remercier de ces renseignements, Polichinelle, toujours galant avec les dames, voulut l'embrasser; elle lui donna un soufflet de sa petite main blanche, blanche comme l'albâtre; mais de l'albâtre aussi la petite main avait la dureté; si bien qu'il en vit trente-six chandelles.

« Dans un premier mouvement d'humeur, quoiqu'il fût la douceur même, il leva son bâton... Aussitôt, indigné contre lui-même, il recula; il recula si bien qu'il tomba, de six cents pieds de profondeur, dans un grand trou qu'il n'avait pas vu d'abord.

VI

« En reprenant ses sens, Polichinelle se trouva dans d'immenses et sombres galeries, étagées les unes sur les autres, et où, çà et là, brillaient comme des espèces de fournaises.

« Il se crut mort, et déjà en enfer, ce qui le contraria beaucoup.

— J'aurais préféré y descendre vivant, se dit-il; j'aurais pu retourner là-haut pour y raconter mes aventures; mais, mort, il y faut rester; c'est très-fâcheux. »

« Autour de lui circulèrent bientôt des hommes noirs, aux cheveux crépus, et sentant le roussi. Il les prit facilement pour des diables.

« Ces prétendus diables étaient des ouvriers mineurs qui lui firent respirer des sels, et l'aidèrent à se remettre de sa secousse.

« Polichinelle était tombé au beau milieu d'une mine de *houille* ou *charbon de terre.*

« Le charbon minéral, dit *charbon de terre*, et que

vous connaissez bien, mes amis, c'est le produit d'une énorme quantité d'anciens végétaux, de forêts entières, roulées, entassées les unes sur les autres par les eaux du déluge, et qui, mélangées de terre et de bitume, se sont pétrifiées avec le temps. Ce charbon, fort en usage de nos jours pour le chauffage et pour une foule d'industries, à l'époque de notre Polichinelle n'était encore employé que pour la forge.

Aussi, dès qu'il eut à moitié repris connaissance de lui-même :

« — Eh! eh! bonnes gens, dit-il à ceux qui l'entouraient, êtes-vous des diables ou des forgerons?

« — Nous sommes les forgerons de l'avenir, lui répondirent ceux-ci ; nous préparons mystérieusement ici la venue des *Chemins de fer.* »

« Et ils lui montrèrent sur une longue route, qui se prolongeait sous terre, deux bandes de fer, alignées à égale distance et solidement fixées au sol. Une *locomotive* était là avec sa *chaudière* remplie d'eau bouillante.

« — Qu'est-ce que cela? demanda Polichinelle.

« — C'est le casque de votre grand'tante Minéralia, lui fut-il répondu.

« — Quoi! comment? Qu'est-ce à dire?

« — Ne savez-vous pas, noble seigneur, que, lors de la réconciliation des trois illustres sœurs dans l'île des Nénufars, ledit casque fournit la première marmite de fer. Eh bien, notre locomotive n'est autre chose qu'une marmite remplie d'eau chaude! La vapeur de cette eau chaude, assez puissante pour soulever les poids les plus lourds, fera mouvoir des roues, et lancera la machine sur ces *rails* avec une rapidité dépassant celle des meilleurs chevaux de course.

« — Vous moquez-vous de moi, mauvais plaisants? dit Polichinelle en hérissant ses gros sourcils, car, malgré sa douceur naturelle, il ne supportait pas la moquerie la plus inoffensive.

« — Que votre seigneurie veuille bien prendre place près des *chauffeurs*, et elle va juger par elle-même que nous avons été encore au-dessous de la vérité. »

« Polichinelle ne se le fit pas dire deux fois, et, s'aidant de son bâton, il s'élança sur la locomotive.

— Soixante lieues à l'heure ! cria le chef de gare. »

VII

Je m'interrompis alors et regardai à ma montre.

« Mes amis, l'histoire de notre héros doit se prolonger encore quelque peu ; or, pour répondre à la juste impatience d'Émilie, je tiens à vous faire part aujourd'hui même de tous les renseignements obtenus par moi et du résultat de mes démarches ; si le cœur vous en dit, nous allons passer dans la salle à manger, et nous reprendrons notre descente aux enfers après le goûter. »

Non-seulement le cœur, mais aussi l'estomac étant de mon avis, la proposition fut accueillie avec un enthousiasme qu'Émilie et Zéphirine seules ne partagèrent pas entièrement.

Elles trouvaient sans doute que je prenais le plus long chemin pour leur rendre mes comptes. Peut-être n'avaient-elles pas tout à fait tort.

CHAPITRE IV

Le goûter vivement expédié, je repris :

« A peine Polichinelle est-il installé sur la machine qu'elle se met en mouvement, avec lenteur d'abord, ce qui lui cause une première impression assez agréable ; mais la rapidité s'en accroissant de plus en plus, il s'étonne, il se trouble, il s'effraye. — Arrêtez ! arrêtez ! Je veux descendre ! crie-t-il aux deux chauffeurs qui l'accompagnent, et ceux-ci n'obéissant pas assez vite à ses ordres, il fait pleuvoir sur eux une grêle de coups de bâton si drus, que les pauvres chauffeurs disparaissent sans qu'on ait jamais pu savoir ce qu'ils étaient devenus.

« Resté seul sur ce char de fer, de feu et d'eau chaude, sur cette terrible marmite, qu'il est incapable de gouverner, l'arrière-petit-neveu de Minéralia se voit emporté, comme par le vent, à travers une multitude de souterrains. Il franchit d'interminables *tunnels*, creusés à travers des massifs de *granit* et de *porphyre*, formés d'un mélange de divers fragments de roches roses ou grisâtres, parsemés de pointes brillantes et cristallines, et qui présentent l'apparence des plus beaux marbres.

« Pour la commodité du voyageur, de distance en distance, des jets de *gaz*, issus des masses de houille et de charbon de terre, se font jour à travers le granit. C'est ce même gaz qu', un jour, servira à l'éclairage de nos villes et de nos

Minerai de cuivre.

habitations. Mais Polichinelle ne songe guère à tenir compte à qui que ce soit de cette attention délicate.

« Il passe ainsi d'un tunnel à un autre, d'une *mine de cuivre* à une *mine de zinc*, d'une mine de zinc à une *mine d'argent*. Toujours se démenant, toujours criant : — Arrêtez ! arrêtez ! il poursuit sa course furibonde, les oreilles déchirées par le grincement des roues, des rails et les sifflements de la locomotive, et frappant, faute de mieux, l'air de son bâton, et aussi la grande marmite sur laquelle il voyage.

« Enfin, le mouvement de la machine se ralentit ; la locomotive s'arrêta ; et Polichinelle, stupéfait, entendit une voix en sortir. Cette voix lui disait : Grâce au casque de ta

grand'tante Minéralia, grâce aux deux Polichinelles du Feu
et de l'Eau, les grands-oncles, c'est ainsi que les hommes
voyageront un jour !

« — Ouiche ! je ne leur en fais pas mon compliment !

Minerai de zinc.

répondit-il en sautant à terre ; je suis aveuglé, assourdi,
brûlé par la chaleur et j'étrangle de soif ! »

Non loin de là, il entendit le murmure d'une source : il se
dirigea vers le bruit.

II

Dans cet enfoncement, éclairé non plus par le gaz, mais
par de petites étoiles fixées çà et là au milieu des rochers, il
aperçut un Nain difforme, grotesque, occupé à extraire de
différents métaux l'or qui s'y trouvait mêlé. A force de ma-
nier de l'or, il était devenu jaune des pieds à la tête ; sa barbe

était jaune, ses dents étaient jaunes, et son regard se projetait tout jaune, comme un rayon de soleil.

A l'arrivée du visiteur, avec le mouvement d'un avare, il mit la main sur les parcelles d'or étalées devant lui, en criant :

« — Qui va là ?... que demandez-vous ?

« — Je demande à boire ; j'ai soif !

« — Ce n'est pas ici un cabaret ; cherchez ailleurs ! répondit le Nain d'un ton brusque et hargneux.

« — Je n'exige qu'un verre d'eau... deux verres d'eau... dix verres d'eau ! J'ai soif ! répéta Polichinelle, en caressant son bâton, qui, malgré toute sa modération habituelle, commençait à lui frétiller sous la main : il y a de l'eau ici... je l'entends couler.

« — Oui, oui, dit le petit homme avec une expression de dépit et de colère, l'eau coule à travers l'intérieur de ces rochers, et maudite soit-elle ! car, en coulant, elle en détache des paillettes d'or qu'elle va transporter jusque dans le sable des rivières où ces gueux d'hommes, qu'on nomme des *orpailleurs*, viennent les ramasser, les brigands !...... Est-ce qu'ils ne peuvent pas attendre l'instant où ils découvriront des montagnes d'or en Californie et en Australie ? il y en aura alors pour tout le monde ! Aujourd'hui, je n'en ai pas trop pour moi et je ne donne ni à boire ni à manger ; va-t'en !

« — Palsambleu ! s'écria Polichinelle, après l'avoir écouté le plus poliment possible, il ne sera pas dit que j'entendrai l'eau chanter à mes oreilles, et que je crèverai de soif à sa musique ! A boire ! à boire ! à boire ! ou je vais démolir ta boutique, affreux petit Nain jaune !

Et il enfonça son bâton dans la muraille.

«O merveille ! Du trou pratiqué par lui à travers les rochers, l'eau jaillit ; Polichinelle tend son chapeau ; il l'emplit et le vide trois fois, sans s'inquiéter des paillettes d'or qu'il sque d'avaler, mais sans s'inquiéter non plus du mal

que pouvait lui causer cette eau froide, presque glacée,
véritable eau de source. Polichinelle avait alors fort chaud ;
il y gagna un refroidissement. Un autre en serait mort ; il en
fut quitte pour un rhume, pour une forte bronchite dont il
ne guérit jamais complétement et qui lui valut cette voix de
perroquet jouant du mirliton, dont tous ses descendants ont
hérité de lui.

III

« Cependant, mes bons petits amis, cette même eau, en
jaillissant avec abondance, avait mis à nu une magnifique

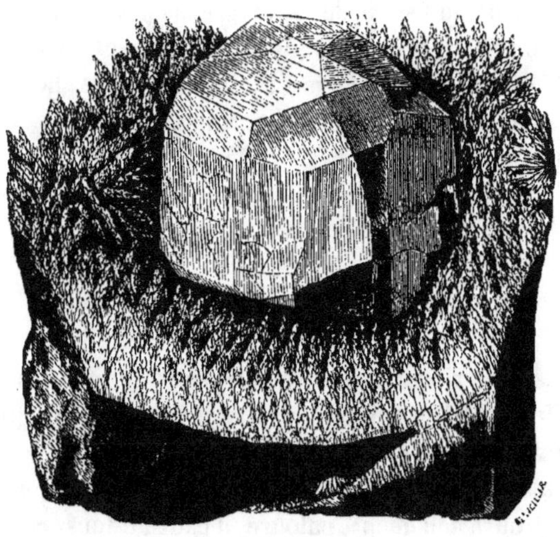

Soufre.

pépite. On nomme ainsi l'or pur qui se présente en un seul
morceau, plus ou moins volumineux.

« Notre ami Polichinelle, je vous l'ai dit, aimait, comme tous les voyageurs, à faire collection des curiosités qu'il rencontrait sur sa route. Il mit la pépite dans sa poche.

« Furieux, exaspéré, hors de lui, l'affreux Nain jaune se mit à crier au voleur !

« Polichinelle avait l'âme noble et fière ; l'honneur ne lui permettait pas d'endurer de sang-froid une pareille injure. Il administra à l'impertinent avorton une forte bastonnade.

« Aux cris redoublés de celui-ci, un grand homme noir sortit de dessous terre, et se mit en devoir d'arrêter Polichinelle. Polichinelle frappa sur le grand homme noir comme il avait fait sur le petit homme jaune.

« C'est ce qui, plus tard, fit imaginer qu'il avait eu une querelle avec le commissaire de police ; mais les commissaires de police ne se rencontrent que bien rarement, si bas, dans les profondeurs de la terre. D'ailleurs, notre héros respectait les lois de son pays et les magistrats chargés de les faire exécuter.

IV

« Mais nous resterions ici jusqu'à l'heure du dîner, mes enfants, s'il me fallait le suivre dans toutes les aventures qui signalèrent sa périlleuse entreprise.

Sachez seulement que, après avoir soupiré après un verre d'eau, il se trouva tellement entouré d'eau de tous côtés qu'il s'en effraya. C'était comme une mer souterraine, ténébreuse, immense, sans fond apparent, et qui semblait s'alimenter aux autres mers d'en haut. Cependant l'eau n'en était ni salée ni saumâtre. Comme il s'en étonnait, un gros poisson, qu'on eût pu prendre pour un monstrueux barbil-

L'affreux Nain jaune se mit à crier au voleur. (Page 380.)

lon, à cause de ses longues moustaches, à son grand étonnement, prit la parole et lui dit :

« — Polichinelle, ne savais-tu pas qu'au-dessous des couches d'argile et des couches de craie qui tapissent les premières profondeurs de la terre, existe cet océan d'eau douce?

Tes descendants ne l'ignoreront pas toujours ; à travers ces masses de craie et d'argile, ils creuseront un trou jusqu'à cette mer intérieure, qui, alors, montera jusqu'au niveau du sol, comme une fontaine jaillissante. C'est ce qu'ils nommeront un *puits artésien*. »

« Les puits artésiens n'intéressaient que faiblement notre voyageur. Il ne répondit au Barbillon qu'en s'informant près de lui du chemin qu'il devait suivre pour se rendre directement aux Enfers.

« — Plus bas, beaucoup plus bas, » répliqua celui-ci, comme avait fait la charmante Albâtrine.

« Cependant, plus notre ami Polichinelle avançait dans sa descente, plus la chaleur augmentait. La soif lui était revenue. S'approchant d'une source qui murmurait près de lui, faute d'une tasse, il se disposa à boire dans sa main ; mais il s'y brûla les doigts. C'était une source d'eau bouillante.

« — Oh ! oh ! dit-il en faisant la grimace, je crains fort qu'une bonne carafée d'eau fraîche ne soit chose rare ici !

« En effet, » lui répondit un petit vieillard en costume de membre de l'Institut, et qu'il n'avait pas aperçu tout d'abord. Occupé, au moyen de procédés chimiques, à se rendre compte des vertus médicinales de la source, cet académicien de l'avenir lui dit ensuite pour le renseigner :
« Polichinelle, mon ami, te voilà parvenu à la région des eaux chaudes, des *eaux thermales et minérales*, située six mille mètres plus bas que la mer souterraine. Il est douteux que les hommes, avec leurs longues vrilles artésiennes, puissent jamais atteindre à ces profondeurs, mais, chargées de particules de fer, de nitre, de soufre, de chaux, et d'une

foule d'autres substances minérales , ces eaux salutaires
monteront d'elles-mêmes, un jour, à la surface du sol pour
y créer les bains de Vichy, de Plombières et des Pyrénées,
et les guérir de leurs rhumatismes et de leurs bronchites.
Viens-tu en essayer pour la guérison de ton enrouement?
ce serait agir avec sagesse ; mais non, Polichinelle, mon
ami, je sais ce que tu cherches; descends, descends encore ! »

V

« Polichinelle descendit de nouveaux étages à travers les
couches terrestres, au milieu de vapeurs semblables à celles
qui sortiraient de la bouche d'un four. La chaleur était acca-
blante. Autour de lui, l'atmosphère, c'est-à-dire l'air qui
l'entourait, devenait tellement enflammée que les galons de
son chapeau, les boutons de métal de sa veste, commençaient à s'y fondre; son bâton menaçait de prendre feu
comme une allumette. Il n'en persistait pas moins dans son
entreprise, l'audacieux !

« — J'approche du *feu central*, se disait-il, et c'est là,
bien sûr, que sont placés les Enfers ! »

« La sagesse divine, mes amis, a établi au centre de la
terre une fournaise, toujours ardente, qui la chauffe en
dessous comme le soleil la chauffe à sa surface; c'est ce qu'on
nomme le *feu central*. Le feu central pénètre dans les veines
du sol, qu'il réchauffe; c'est lui qui donne la chaleur à ces
eaux minérales qui venaient de brûler les doigts de Polichinelle ; c'est lui aussi qui alimente et soulève les *volcans*.

« Déjà presque à demi rôti, soufflant comme un bœuf,
d'une main s'éventant de son chapeau, de l'autre, s'essuyant
le front, Polichinelle précipitait le pas, lorsque, tout à coup,

une forte odeur de soufre le prit à la gorge, ce qui ne put qu'augmenter son enrouement.

« Alors, une voix, semblable à celle qui déjà s'était fait entendre du fond de la marmite de fer, s'éleva :

« — Retourne en arrière, Polichinelle ; c'est ici que se fabrique le *soufre*, et le soufre doit être fatal au monde ; mélangé de charbon et de nitre, il formera la poudre à canon, la poudre d'extermination pour l'humanité ; défie-toi du soufre, c'est le parfum du Diable. Tu touches à la porte des Enfers !

« — Eh ! palsambleu ! s'écria l'intrépide voyageur, c'est justement à cette porte-là que je viens frapper !

« Trois fois, résolûment, il frappa de son bâton une énorme roche toute rouge qui lui barrait le passage ; la flamme en jaillit, puis la roche roula sur elle-même et le Diable se montra.

V

« Ce qui se passa entre eux, mes bons amis, on ne put jamais le savoir. Les uns ont prétendu que le Diable avait emporté Polichinelle ; les autres, qu'il y avait eu simplement chamaille entre eux et que Polichinelle, d'un coup de son bâton, lui avait cassé une corne. La chose certaine, c'est que longtemps encore après sa descente aux Enfers, il vécut joyeux et bien portant au milieu de sa famille et de ses compères, ne se lassant pas de raconter son voyage souterrain et comment il en était revenu, grâce à une bonne petite Dame, qui l'avait guidé à travers les détours d'un volcan éteint.

« On le laissait dire, mais chacun pensait tout bas qu'il avait dormi, qu'il avait rêvé, et on le surnomma POLICHINELLE LE RÊVEUR.

25

« Cependant, quand on vit se réaliser toutes les merveilles, toutes les grandes découvertes annoncées par lui, et les splendeurs de Paris, et les puits artésiens, et la poudre à canon, et les chemins de fer, et le gaz, et l'asphalte, et l'aluminium, et la Californie, alors, reconnaissant la vérité de ses prédictions, on le nomma : Polichinelle le prophète.

VII

« Après lui, chers élèves, combien de polichinelles de la même race se sont fait connaître du monde entier ! Les uns ont découvert des îles lointaines et y ont été rois, ou peu s'en faut ; l'histoire, le conte, la légende et le théâtre ont suffisamment parlé des autres. Eh bien, mes amis, notre jeune Rinaldo descend en ligne droite de cette famille illustre, dont il est même aujourd'hui le seul vrai représentant, et cependant, le croiriez-vous ! son père adoptif consent à lui laisser épouser Zéphirine ! une honnête fille, j'en conviens, mais de simple origine bourgeoise. Il y met une condition, toutefois !... ajoutai-je.

— Laquelle ? laquelle ? cria-t-on de tous côtés.

— Des bruits malveillants ont couru sur la future ; de mauvaises langues ont osé avancer que Zéphirine ne songe guère qu'à sa toilette. On exige qu'elle devienne d'abord femme de ménage.

— Bravo ! dit Adolphe ; vivent les bonnes cuisinières ! »

Émilie devint rouge jusqu'au blanc des yeux. Je repris :

« Non pas une cuisinière tout à fait ; mais, en mémoire des trois filles de la grande Magicienne, on demande qu'elle soit du moins capable de conduire, de soigner un bon pot-au-feu ; telle est la condition, la condition expresse.

— Zéphirine, toucher à une marmite! s'écria Émilie;
jamais! »

VIII

Devant le terrible *Jamais!* je regardai le mariage comme
irrévocablement rompu. Je le regrettai fort. Un mariage
donnait à mon cours un dénoûment de comédie qui m'allait
à merveille. Il n'y fallait plus songer, et c'est avec une
émotion pénible que j'annonçai à mes chers élèves la fin de
mes causeries sur la mère Gigogne, ses trois filles, ses quatre
fils et ses arrière-petits-fils.

Dès ce jour même, je proclamai la fermeture de mon
école. Cependant, ainsi que cela se pratique dans tous les
établissements universitaires, une distribution des prix devait
avoir lieu qui signalerait la récompense en même temps que
la fin des travaux de l'année scolaire.

CHAPITRE V

I

A la suite de la séance, Émilie avait été conter à sa bonne maman les conditions humiliantes qu'on prétendait lui imposer pour le mariage de Zéphirine, et son refus formel. Ce refus, la bonne maman fut loin de l'approuver.

« Mon enfant, lui avait-elle dit, pour entrer en ménage, ne faut-il pas être avant tout une femme de ménage? Le mot *cuisinière* t'effarouche? Cependant, si dès ta première enfance, ma fille, on a prodigué autour de toi tant de jouets sous forme de petits poêlons, de petits fourneaux, de petites cuisines, n'était-ce pas pour te familiariser à l'avance avec cette idée qui aujourd'hui te révolte, je ne sais pourquoi?

« La jeune femme tout à fait étrangère à l'art de préparer les aliments sera-t-elle capable de donner des ordres à sa servante, de la diriger selon le goût des maîtres, ou dans l'intérêt économique de la maison? A chaque cuisinière nouvelle, il lui faudra donc subir un nouveau genre de nourriture, sans y pouvoir mettre obstacle? Ma Lili, crois-moi, si les arts d'agrément ont une grande valeur pour notre satisfaction personnelle, les arts utiles (et la cuisine en est un) ne leur sont pas inférieurs comme importance. La cuisine intéresse à la fois la santé et le bien-être. Une bonne table fait aimer le logis. Malgré la simplicité de nos repas, ton bon papa se plaît souvent à dire : « Je ne dîne jamais mieux que chez moi ! » Eh bien, c'est un éloge qu'il m'adresse, à moi, plutôt qu'à Scolastique. C'est que j'ai surveillé les fourneaux de celle-ci ; pour cela il m'a bien fallu être quelque peu cuisinière ; je l'ai été, et suis loin d'en rougir. »

Émilie ne répondit pas un mot, et quitta sa bonne maman la tête basse.

II

Un matin, j'étais dans mon cabinet, occupé à mettre quelques paperasses en ordre. Hélène entra sur la pointe du pied :

« Bon papa chéri, tu ne sais pas, me dit-elle en baissant la voix, et avec tous les signes du plus profond mystère, eh bien, voilà plusieurs jours que ces demoiselles s'assemblent, en cachette, chez ma sœur.

— Et qu'y font-elles ?

— Elles y font la cuisine ! et, cette fois, bon papa chéri, ce n'est pas toi qui donnes la leçon, c'est Scolastique !

— Comment le sais-tu, mignonne ? tu es donc du complot ?

— Non !... On s'est méfié de moi ; mais je viens de regarder par le trou de la serrure...

— C'est très-mal !

— Chut ! il ne faut rien dire ! »

III

En ce moment, la porte de mon cabinet s'ouvrit de nouveau. Scolastique m'apportait le bouillon que, régulièrement, j'ai l'habitude de prendre vers le milieu de la journée; mais Scolastique était loin d'avoir ses allures ordinaires.

Les lèvres pincées, les yeux arrondis, les joues aussi rouges que ses cheveux, elle me présentait une assiette surmontée d'une tasse, et l'assiette tremblait dans sa main, et la tasse se balançait sur l'assiette, au point de me faire craindre que le tapis de ma chambre ne bût le bouillon avant moi. Je me hâtai de saisir la tasse.

Et je regardai Scolastique, qui se détourna et mit sa main devant ses yeux; et j'entendis de petits rires étouffés derrière la porte.

Déjà renseigné par Hélène, devinant facilement le reste, je dégustai le bouillon. A haute voix, je le déclarai « délicieux »! Il l'était en effet.

A ce mot, les rires contenus éclatèrent; une irruption se fit dans ma chambre; la bonne maman me présenta Émilie, Émilie me présenta Zéphirine, auteur et compositeur de ce bouillon déclaré délicieux par moi; du même coup le fameux *Jamais!* fut mis en oubli, et le mariage de Zéphirine et de Rinaldo fixé au dimanche suivant, ainsi que notre distribution générale des prix.

IV

Emilie m'emmena dans sa chambre, où tout témoignait qu'un pot-au-feu y avait été installé, commencé, parachevé.

Scolastique m'apportait le bouillon. (Page 300.)

J'y vis le fourneau avec son reste de braise, j'y retrouvai même la marmite en personne.

C'était une simple marmite de terre, de six à huit pouces de hauteur, et, comme je soupçonnais fort qu'on y avait souvent goûté pendant l'opération, je m'étonnai qui lui fût resté encore assez de bouillon pour remplir ma tasse.

Tandis que, sous la direction d'Émilie, Zéphirine travaillait à obtenir ce magnifique résultat, il est à croire qu'une rage de cuisine s'était emparée de toutes ses jeunes compagnes; les petits ménages de ces demoiselles, faïence, cuivre, fer, ou fer-blanc, encombraient la pièce. Chacune s'était piquée d'émulation, chacune avait voulu produire son plat, soit un œuf brouillé dans une daubière, soit une compote de pomme dans une poêle à frire. D'autres s'étaient lancées dans les perfectionnements. Celle-ci avait composé un macaroni avec de la farine, du beurre, du sucre, du sel, du poivre, et un peu d'huile et de vinaigre, je crois; celle-là (une des plus jeunes, il est vrai) avait assaisonné trois haricots verts avec des confitures de groseille et l'écume du pot. Il paraît cependant que le tout avait été jugé excellent, aussi *délicieux* que le bouillon même de Zéphirine, car, du tout il ne restait rien, sinon un résidu de soupe aux épinards dans le fond d'une casserole.

V

Je mis à profit la circonstance pour faire quelques recommandations touchant l'entretien de la batterie de cuisine.

« Mesdemoiselles, dis-je, voilà une casserole qui causera des malheurs si l'on ne songe pas au plus tôt à la nettoyer. Le cuivre est sujet à prendre le *vert-de-gris*, sorte de rouille qui s'attache à quelques métaux, et le vert-de-gris n'est rien moins qu'un poison très-violent.

— Aussi me répondit Émilie, avec ce certain air d'importance d'une femme expérimentée, Zéphirine compte-t-elle faire souvent *étamer* ses casseroles ; Scolastique le lui a conseillé.

Le rétameur.

— Qu'est-ce donc qu'*étamer* me demanda Hélène.

— Chère petite le métier d'*étameur* est le plus vite appris de tous les métiers. Il s'agit simplement de faire fondre de l'*étain*, métal qui semble tenir le milieu entre l'argent et le plomb. L'étain une fois fondu, on y trempe un bouchon de paille ou de filasse, on en frotte l'intérieur de la casserole, qui se trouve alors doublée d'une couche métallique, inattaquable par le vert-de-gris.

— Ah !... c'est très-intéressant ! me répondit Hélène de l'air le plus ennuyé du monde.

— Et le fer, Monsieur, me dit Marie D...., est-il, comme le cuivre, sujet à produire cet affreux vert-de-gris?

— La rouille du fer, mon enfant, ne menace que le fer lui-même, car elle le ronge et le détruit si l'on n'y prend garde. Il s'agit donc ici d'une question de soins, de conservation, et non plus d'une question de vie ou de mort.

— Et le *fer-blanc?* reprit-elle. Presque tous les ustensiles de cuisine des poupées en sont faits ; présentent-ils quelque danger pour elles?

— Ni pour elles ni pour leurs petites mamans, répondis-je à ma gentille questionneuse. Le fer-blanc n'est autre qu'un *fer battu*, aplati en feuille minces, et que dans ce premier état on nomme de la *tôle*. Quand cette tôle est recouverte d'un enduit d'étain ou de zinc, elle devient fer-blanc, et sert alors non-seulement à faire des ménages pour les poupées, mais aussi des pots au lait pour les laitières, et des seaux pour les porteurs d'eau, et des moules pour les pâtissiers, et des lampes et des lanternes pour l'éclairage, et des gouttières pour les maisons. N'avais-je pas eu raison de vous dire que le fer, sous toutes ses formes, est le plus utile des métaux ? »

VI

Tandis que j'entrais ainsi dans quelques explications avec la charmante Marie, le reste de notre entourage, auquel s'était bien vite ralliée bébé Hélène, s'occupait déjà

de la future cérémonie du mariage et du choix des demoiselles d'honneur qui devaient composer l'escorte de Zéphirine.

Tout paraissait donc marcher vers un dénoûment certain,
satisfaisant, lorsqu'un événement imprévu, épouvantable,
vint jeter le désespoir dans le cœur d'Émilie, et faillit ren-
verser tous nos projets.

Deux jours avant le jour fixé pour la double cérémonie,
on trouva Zéphirine étendue à terre, sans connaissance.
Elle s'était fendu la tête en tombant de son lit.

Pour expliquer ce fatal événement, je dois dire que son lit
avait été imprudemment placé sur une commode; de plus,
on le sait, la tête de Zéphirine était de fine porcelaine.

Le chat Ronron fut véhémentement soupçonné. On l'avait
surpris rôdant sur la commode. Émilie crut à un acte de
vengeance féroce de sa part. N'avait-il pas été au nombre
des prétendants refusés!

Je recommandai le silence le plus profond à toute la mai-
sonnée, répondant de la guérison prochaine de la malade.
Je connaissais un chirurgien habile qui, en quelques heures,
remédierait à tout.

En effet, j'emportai Zéphirine chez le marchand de jouets
à qui j'en avais fait emplette, et je la rapportai au logis avec
une nouvelle tête, si parfaitement semblable à la première
que le futur lui-même ne s'aperçut de rien, et la trouva
plus charmante encore qu'auparavant.

CHAPITRE IV

1

Enfin, le 15 avril, la veille de mon départ pour la
campagne, sous la présidence de la jeune mère et de la
bonne maman, eurent lieu le repas des noces et la distribution des prix.

Bébé Hélène avait fouillé jusqu'au fin fond de son tiroir
pour relever la toilette de ses filles par les plus riches ornements.

Quant au jeune Rinaldo, il avait la mise la plus simple et
du meilleur goût. Une de ses bosses faisait office de corbeille
de mariage; l'autre de bonbonnière, à l'usage des demoiselles d'honneur.

II

Vint la distribution des prix; il y en eut pour tout le monde; chacun eut le sien. Je tenais à ce que, de ce côté, mon école ne s'écartât pas des habitudes ordinaires. J'avais même prié mon premier suppléant, Maurice, d'ouvrir la séance par un discours en latin; mais il s'y était refusé, par modestie sans doute.

Le zouave eut le prix de discipline militaire;

La Vergnate, le prix de sagesse;

Minette, le prix d'excellence;

Zéphirine, notre élégante Zéphirine, le prix de pot-au-feu.

Son mari en paru très-flatté.

Des prix d'attention, de bonne conduite, de bonne tenue, de propreté, d'application, de persévérance, d'assiduité, d'encouragement, de discrétion, et même de circonspection, furent la récompense de Bijoute, de Cocotte, d'Artémise, de Zelmaïde, de Frivolette et des autres.

Je ne détaillerai point tous les objets offerts aux triomphateurs; c'étaient des livres, des images, quelques bijoux en *chrysocale* ou en *similor*, mélange de cuivre et de zinc, qui imite suffisamment l'or vrai.

Par exception, à Pharamond, le Polichinelle d'Adolphe, je donnai une petite botte de bois de réglisse et de citron, de quoi se faire de la tisane de coco, ce qui souleva des clameurs de joie dans l'assemblée, et nous valut une réplique fort gaie et fort amusante de son maître.

La distribution faite, je pris la parole au milieu du plus profond silence.

III

« Jeunes élèves,

« Au moment de me séparer de vous, je ne saurais trop, comme fit la Gigogne à ses filles, vous recommander le bon accord ; rappelez-vous les terribles querelles des trois sœurs, et que ce souvenir vous aide à comprendre toutes les douceurs de la paix. Que la conduite des trois frères Polichinelles, à l'égard de leur cadet, Polichinelle de l'Air, vous préserve aussi du dédain, de la moquerie vis-à-vis des êtres humbles et modestes. Croyez-le, mes amis, il ne faut pas se fier aux apparences ; ne méprisons personne ; parfois, les têtes de carton valent les têtes de porcelaine.

« Après vous avoir parlé d'humilité, de modestie, je crois cependant devoir vous relever à vos propres yeux en vous entretenant de votre origine, plus ancienne, plus sérieuse que vous ne le pensez.

« La poupée a existé chez tous les peuples. Sa possession, le soin de l'habiller, de travailler pour elle, de la choyer, de l'aimer, de la dorloter, a été dans tous les temps, dans tous les pays, pour la jeune fille une sorte d'apprentissage de la maternité, de la sainte maternité.

« Les soins, les caresses qu'elle reçoit de sa mère, la jeune fille les rend à sa poupée.

« Le jouet du garçon n'est point de même nature ; il n'est pas fait pour être porté dans les bras ni mollement couché dans un lit. Il doit toucher terre ; il lui faut le mouvement, l'activité. Pour l'y aider, des ficelles lui font, à la volonté de son gouverneur, lever ou baisser les bras et les jambes, tourner la tête à droite et à gauche : ce n'est pas une *poupée*, c'est une *marionnette*.

« Le père des marionnettes, chers élèves, a été l'illustre Parafaragaramus, dont vous ne connaissez guère jusqu'à présent que le nom. Ce nom dans une langue ancienne, la plus ancienne des langues, signifiait :

« *Celui qui détruit tout ce qui peut nuire.* »

« En effet, ce grand Polichinelle par excellence, ce puissant enchanteur, avait pour emploi de faire la guerre aux monstres qui alors ravageaient la terre.

« Plus tard, les Romains le surnommèrent *le Mangeur* (Manducus), le mangeur de pierres ; c'était leur dieu Saturne, qui dévorait jusqu'à ses enfants. Plus tard encore, on en fit un *Ogre*, l'ogre de nos contes ; puis, s'amoindrissant de plus en plus, il devint le fameux *Mâche-croûte*, qui happe tout ce qu'il rencontre ; puis enfin, le *Croquemitaine* de nos jours.

« Non, non ! messieurs les polichinelles, votre illustre aïeul n'était ni un ogre, ni un mâche-croûte, ni cet ignoble Croquemitaine, auquel personne ne croit plus. Il représentait la force de destruction contre le mal et les méchants, comme sa femme, la grande Gigogne, représentait la puissance créatrice, la fécondité, la mère, LA NATURE enfin ! N'est-ce pas la Gigogne qui produit, produit sans cesse ? Elle qui a d'abord enfanté Végétalia, Animalia, Minéralia, c'est-à-dire les plantes, les animaux, les substances de toutes les espèces ? Puis, les quatre Polichinelles, c'est-à-dire les QUATRE ÉLÉMENTS, au milieu desquels tout vit, tout s'agite, tout se multiplie.

« Vous le voyez, jeunes élèves, les grands personnages mis en avant par nous ne sont pas tout à fait ceux des contes de ma mère l'Oie ; ils ont leur existence réelle.

IV

« Mais la Nature n'exerce qu'une puissance matérielle,
et, à travers nos récits, vous avez vu apparaître une fée
bienfaisante qui relie les êtres entre eux, qui indique à l'insecte, aussi bien qu'à l'éléphant, la plante qui doit le nourrir, le climat qu'il doit habiter ; qui dirige les petits oiseaux
dans leur vol, les poissons dans leurs voyages sous l'eau ;
qui ouvre la route devant l'homme qui cherche son chemin, et vient en aide à tout ce qui souffre, à tout ce qui
espère.

« Qu'est-ce donc en effet que cette bonne petite Dame ?
me demanderez-vous. La bonne petite Dame, mes amis,
c'est LA PROVIDENCE, cette divine messagère de Dieu, qui
veille sur tout, sur l'homme comme sur la fourmi, qui dirige ici-bas toutes choses, sans que sa main apparaisse nulle
part.

V

« Parmi nos personnages n'en oublions-nous pas quelques-uns ? Il en est que nous n'avons fait qu'entrevoir à
peine... Est-ce à dire qu'ils n'ont pas aussi leur signification ?
La moindre marionnette, chers élèves, représente une idée
digne d'être méditée.

« Ainsi avec les quatre seigneurs Polichinelle, la mère
Gigogne ramenait de la Lune cinq Pierrots et sept Arlequins.
Ces arlequins, restés marqués des nuances de l'arc-en-ciel,
que représentaient-ils ? Ils représentaient, ils représentent
encore les SEPT COULEURS PRIMITIVES, le rouge, l'orangé, le

jaune, le vert, le bleu, l'indigo et le violet, dont ils portent la marque sur leur costume.

« De même, les cinq Pierrots représentent LES CINQ SENS, l'Ouïe, la Vue, l'Odorat, le Goût et le Toucher.

« Autrefois, chacun des cinq frères ne possédait qu'une seule de ces diverses facultés; chaque Pierrot les possède toutes aujourd'hui, et en abuse, ce qui est cause du peu d'estime qu'on fait de lui.

« Pierrot est curieux, gourmand, touche-à-tout; Pierrot ne se contente pas de lorgner le pâté destiné au voisin; il y met la main, il le flaire, il en soulève la croûte, il finit même par le manger tout entier, le misérable?

« Mais Pierrot et même Arlequin n'appartiennent pas à l'ordre de choses dont j'avais à vous entretenir. Je voulais seulement vous rappeler que, si je me suis vu contraint par vous à tenir une école pour les poupées, si ensuite, malgré quelques-uns d'entre vous, grands garçons peu soucieux de se montrer avec un polichinelle sous le bras, je me suis obstiné à rester ce que vous m'aviez fait, c'est que de toute chose peut découler un enseignement utile. Les jouets d'enfants eux-mêmes ont eu et ont encore leur importance. Certes, ils méritaient bien, par les services qu'ils ont rendus, de figurer honorablement dans nos leçons! Combien de grandes découvertes ont commencé par eux! Je ne vous en citerai que quelques-unes.

« Le *feu grégeois*, sorte de composition qui brûle dans l'eau, et dont on s'est servi plus tard pour incendier les flottes, n'a servi tout d'abord qu'à amuser les enfants; pendant des siècles, de la *poudre à canon*, on n'a su faire que des *fusées* et des *pétards* pour les divertir.

« Des enfants qui jouaient avec des verres grossissants dans la boutique d'un lunetier, ont découvert le *télescope*, immense lorgnette au moyen de laquelle nous forçons le soleil, la lune et les étoiles à se rapprocher de nous.

« De l'*aimant*, substance minérale qui attire le fer, on ne songeait guère à tirer parti, lorsque, un beau jour, pour récréer son fils, un père (peut-être un bon papa) s'imagina de mettre une tête de clou dans le corps d'un petit poisson d'émail, qu'il plaça dans un vase rempli d'eau ; puis il arma son fils d'une ligne dont le bout était aimanté, et la pêche fut bonne ; le petit poisson d'émail se dirigea de lui-même vers le pêcheur ; et, de lui-même, mordit à l'hameçon. On découvrit alors la propriété qu'avait une aiguille aimantée de se tourner constamment vers le Nord ; on inventa la *boussole*, au moyen de laquelle on put se diriger sur la mer, et ce jouet d'enfant servit plus tard à découvrir un monde.

« Un enfant qui soufflait dans une vessie de porc a donné la première idée à l'inventeur des *ballons* ; aujourd'hui encore, un jouet d'enfant, l'*hélice aérienne*, qui monte en tournant sur elle-même, va peut-être, mieux que le ballon, nous donner le moyen de voyager dans les airs.

« Vous le voyez, mes bons petits amis, si les poupées et les marionnettes offrent des symboles curieux à étudier, les enfants et leurs jouets ne sont pas restés étrangers au progrès des sciences et à la civilisation du monde ; soyez-en fiers !... pas trop cependant.

« Et maintenant, que nos causeries sont terminées, mes bons petits amis, dites-moi par un regard, par un geste, que vous n'avez pas été trop mécontents des leçons de votre vieux professeur !

A cette question, les Poupées répondirent en agitant leurs petites têtes mobiles ; les Pierrots, sans rancune pour la façon dont je venais de les traiter, secouèrent leurs larges manches ;

les Arlequins firent une pirouette, et portèrent la main
à leur sabre de bois; le Zouave se tint debout, au port d'armes, et répéta trois fois! *Papa!* les Polichinelles, y compris
le jeune marié, poussèrent un sifflement joyeux; Émilie,
Fernand et bébé Hélène se jetèrent dans mes bras; et, après
eux, les gouverneurs et les répétitrices, vinrent tour à tour
me remercier et m'embrasser.

C'est ainsi que se termina mon cours d'Histoire Naturelle,
au moyen des Polichinelles, des Poupées, des jouets d'enfants,
et de contes en l'air.

SÉRICOURT, 24 septembre 1863.

TABLE DES CHAPITRES

CHAPITRE XII

TROISIÈME PARTIE

CHAPITRE I

CHAPITRE II

CHAPITRE III

CHAPITRE IV

CHAPITRE V

CHAPITRE VI

FIN DE LA TABLE DES CHAPITRES.

TABLE ANALYTIQUE

DES MATIÈRES

FIN DE LA TABLE ANALYTIQUE DES MATIÈRES.

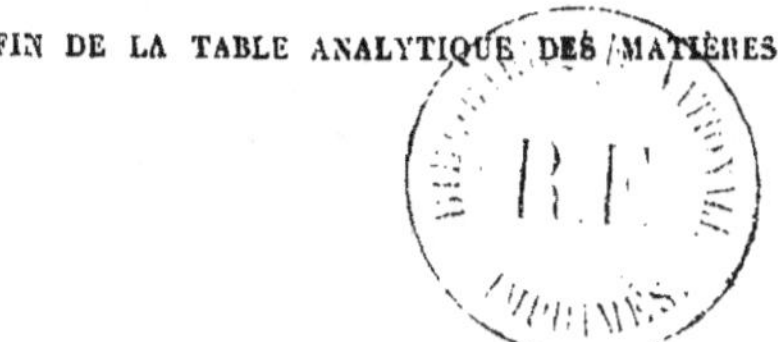

PARIS. — IMPRIMERIE DE E. MARTINET, RUE MIGNON, 2

www.ingramcontent.com/pod-product-compliance
Lightning Source LLC
LaVergne TN
LVHW020133030726
842520LV00001B/135